Sabath · Meyer · Ridder

Basiskurs für Gefahrgutfahrer

23. Auflage 2020

Bibliografische Information der Deutschen Nationalbibliothek

Die Deutsche Nationalbibliothek verzeichnet diese Publikation in der Deutschen Nationalbibliografie; detaillierte bibliografische Daten sind im Internet über http://dnb.dnb.de abrufbar.

Bei der Herstellung des Werkes haben wir uns zukunftsbewusst für umweltverträgliche und wiederverwertbare Materialien entschieden.

Basiskurs für Gefahrgutfahrer
23. Auflage 2020

© 2020 ecomed SICHERHEIT, ecomed-Storck GmbH, Landsberg am Lech
Justus-von-Liebig-Str. 1, 86899 Landsberg/Lech
E-Mail: kundenservice@ecomed-storck.de
Telefon: 089/2183-7922, Telefax: 089/2183-7620
Internet: www.ecomed-storck.de
Verfasser: U. Sabath, T. Meyer, begründet von K. Ridder

Satz: Fotosatz Pfeifer, 82152 Krailling
Druck: CPI books GmbH, Leck

ISBN 978-3-609-68912-8
11/2020

Vorwort

Zahllose Gefahrgutfahrer wurden seit Einführung der Gefahrgutfahrerschulung mit diesem Teilnehmerheft ausgebildet. Durch ständige Überarbeitung wird es auf dem jeweils neuesten Stand der Vorschriften gehalten. Das Heft orientiert sich an den verbindlichen Kursplänen des Deutschen Industrie- und Handelskammertages (DIHK).

Am Ende der einzelnen Kapitel befinden sich Kontrollfragen, die den Kursteilnehmern als Vorbereitung auf die Prüfung dienen sollen. Am Ende jeder Kontrollfrage steht jeweils die Nummer des Kapitels, in dem der Sachverhalt besprochen wird. Damit die Kursteilnehmer auch zu Hause üben können, sind zur Selbstkontrolle am Ende des Hefts die Lösungen enthalten. Das Stichwortverzeichnis hat sich in der Praxis bewährt.

Diese Auflage berücksichtigt den Rechtsstand der 28. ADR-Änderungsverordnung (ADR 2021). Bei Redaktionsschluss lag die GGVSEB als Entwurf vor.

Für die Unterrichtsgestaltung ist zu den Teilnehmerheften für Gefahrgutfahrer auch eine CD-ROM mit PowerPoint-Präsentationsprogramm bei ecomed SICHERHEIT erhältlich.

In diesem Teilnehmerheft werden Frauen und Männer gleichermaßen angesprochen, aufgrund der besseren Lesbarkeit wird jedoch nur die männliche Form verwendet.

Uta Sabath
Tom Meyer   Bielefeld/Osnabrück, im November 2020

Inhalt

Hinweis: Die mit dem Zeichen ✏ gekennzeichneten Seiten dieses Hefts sind auf der entsprechenden Referenten-CD-ROM mit den **Lösungen** zu finden.

1 Allgemeine Vorschriften

1.1 Umfang und Bedeutsamkeit der Gefahrgutbeförderung

Es werden jährlich ca. 303 Millionen Tonnen Gefahrgüter in der Bundesrepublik Deutschland befördert, der prozentual größte Teil davon auf der Straße.

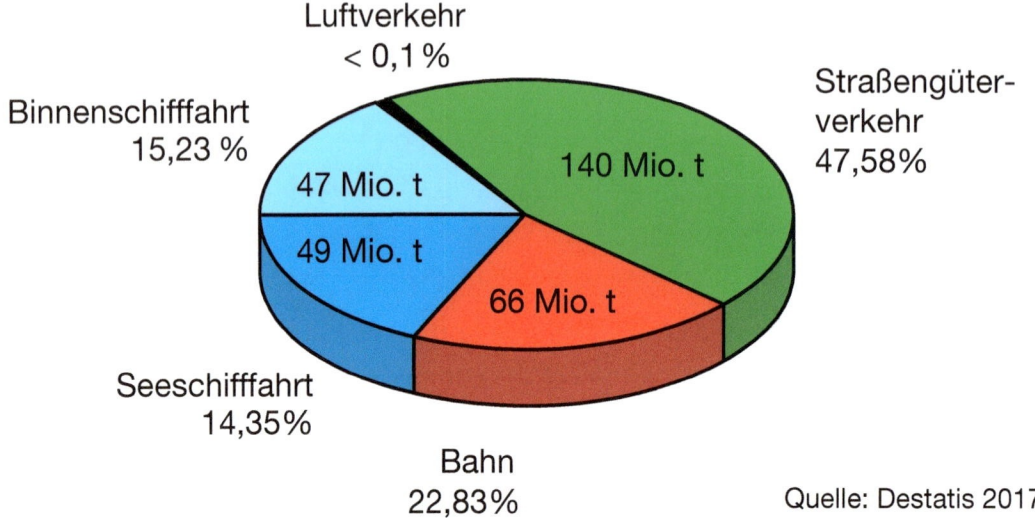

Luftverkehr < 0,1 %
Binnenschifffahrt 15,23 %
Seeschifffahrt 14,35%
Bahn 22,83%
Straßengüterverkehr 47,58%
47 Mio. t
49 Mio. t
66 Mio. t
140 Mio. t

Quelle: Destatis 2017

Um den Gefahren vorzubeugen, die mit der Beförderung dieser Güter auf öffentlichen Straßen und Wegen verbunden sind, hat der Gesetzgeber umfangreiche Vorschriften erlassen.

Diese Vorschriften sollen

- die am Transport unmittelbar **beteiligten Personen**
- die **Öffentlichkeit**

und

- die **Umwelt** (Tiere, Pflanzen, Sachen, Gewässer, Erdreich)

vor Schäden schützen. Trotzdem muss eine wirtschaftliche Gefahrgutbeförderung möglich sein.

Im Jahr 2019 bei Straßenkontrollen im Gefahrgutrecht festgestellte Beanstandungen bei 15 436 kontrollierten Fahrzeugen:

„Hitliste" der Verstöße:

1. Beförderungspapier/Schriftliche Weisungen	816 Beanstandungen
2. Kennzeichnung/Bezettelung	781 Beanstandungen
3. Ausrüstung	596 Beanstandungen
4. Ladungssicherung	322 Beanstandungen

Quelle: BAG

1.2 Sicherung gegen Terror

Der 11. September 2001 hat die Welt verändert – man muss mit Terroranschlägen rechnen, auch bei uns, wie die Bahnhof-Kofferbomben in Köln, die Aktivitäten der sogenannten „Sauerland-Bande" und der Anschlag auf den Weihnachtsmarkt in Berlin zeigten. Gefahrguttransporte könnten ausgesuchte Ziele sein, weil eine Gefahrgutfreisetzung verheerende Folgen für Menschen und Umwelt haben kann.

Bei allen Beförderungen muss der Fahrzeugführer darauf achten, dass mit den ihm anvertrauten Gefahrgütern keine terroristischen Anschläge verübt werden können. Hinweise auf eventuelle Bedrohungen und auf fehlende Ladung bzw. Fahrzeuge sind sofort der Polizei zu melden!

Wichtig ist es auch, dass die Fahrzeugbesatzung sich durch **Lichtbildausweise** (also Personalausweis, Reisepass, Führerschein, digitale Fahrerkarte oder ADR-Schulungsbescheinigung) gegenüber Absendern, Verladern und Empfängern zu jeder Zeit ausweisen kann.

Gefahrgüter dürfen nur Beförderern zur Beförderung übergeben werden, deren Identität in geeigneter Weise festgestellt wurde.

Das ADR schreibt vor, dass die an der Beförderung **gefährlicher Güter mit hohem Gefahrenpotenzial** (Tabellen 1.10.3.1.2 und 1.10.3.1.3 ADR) beteiligten Beförderer und Absender Sicherungspläne erstellen müssen und das beteiligte Personal durch Unterweisungen auf Gefahren durch Terrorismus hinzuweisen haben. Wenn Fahrzeuge, die Gefahrgüter mit **hohem Gefahrenpotenzial** (nach Tabellen 1.10.3.1.2 und 1.10.3.1.3 ADR) befördern, mit Vorrichtungen, Ausrüstungen oder Systemen zum Schutz gegen Diebstahl des Fahrzeugs oder dessen Ladung ausgestattet sind, so sind Maßnahmen zu treffen, um sicherzustellen, dass diese jederzeit eingeschaltet sind und funktionieren.

Das können z.B. Telemetriesysteme oder andere Methoden oder Vorrichtungen sein, die eine Transportverfolgung von Gefahrgütern mit **hohem Gefahrenpotenzial** ermöglichen.

Güter mit hohem Gefahrenpotenzial sind zum Beispiel bestimmte entzündbare Gase (insbesondere bei der Beförderung in Tanks), giftige Gase, entzündbare Flüssigkeiten (Benzin) sowie bestimmte giftige Stoffe.

1.3   Überblick über die wichtigsten Regelwerke zum Gefahrgutrecht

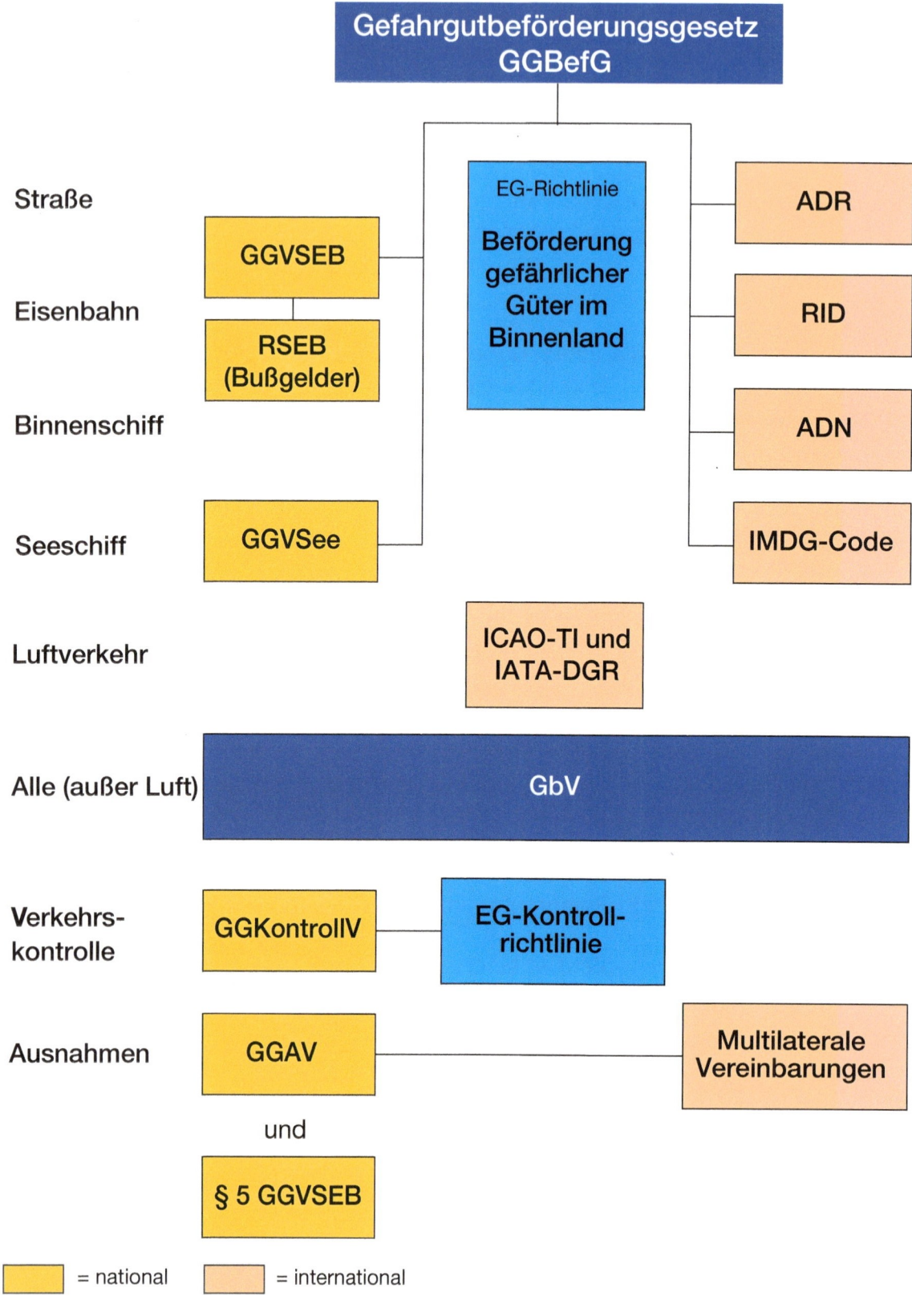

1.4 Allgemeine Vorschriften für die Gefahrgutbeförderung

Der Gesetzgeber versucht, die Gefahrgutbeförderung im europäischen Landverkehr für die Verkehrsträger möglichst einheitlich zu regeln. Darum wurden die Vorschriften für Straßen-, Schienen- und Binnenschiffstransporte und für nationale und internationale Beförderungen weitgehend angeglichen.

1.4.1 Aufbau der GGVSEB

GGVSEB ist die Abkürzung für „Verordnung über die innerstaatliche und grenzüberschreitende Beförderung gefährlicher Güter auf der Straße, mit Eisenbahnen und auf Binnengewässern" (kurz: Gefahrgutverordnung Straße, Eisenbahn und Binnenschifffahrt).

GGVSEB, z.B.:	Anlage 2 der GGVSEB
– § 2 Begriffsbestimmungen	Nationale Abweichungen vom ADR
– § 4 Sicherheitspflichten	
– § 5 Ausnahmen	**Anlage 3 der GGVSEB**
– § 17–34a Pflichten	Anforderungen für die
– § 35 Verlagerung	Beförderung fester und
– § 35a Fahrweg	flüssiger erwärmter Stoffe
– § 36b Erwärmte Stoffe	
– § 37 Ordnungswidrigkeiten	

Verweis auf ADR[*)]

Teile 1–7 (Anlage A) gelten für ADR-Transporte (auch RID)	Teile 8 und 9 (Anlage B) gelten für ADR-Transporte
1. Allgemeine Vorschriften	8. Vorschriften für die Fahrzeugbesatzung, Ausrüstung, Betrieb und Dokumentation, Tunnelvorschriften
2. Klassifizierung	
3. Gefahrgut-Verzeichnis	
4. Verwendung von Umschließungen	9. Vorschriften für Bau und Zulassung der Fahrzeuge
5. Versandvorschriften	
6. Bau und Prüfung von Umschließungen	
7. Vorschriften für Beförderung, Be- und Entladung, Handhabung	

[*)] ADR steht für „Übereinkommen über die internationale Beförderung gefährlicher Güter auf der Straße". Das bis 2020 im Text vorkommende „Europäisches …" ist zum 1.1.2021 weggefallen.

1.4.2 Das Verzeichnis der gefährlichen Güter (Tabelle A, Auszug)

UN-Nummer	Benennung und Beschreibung	Klasse	Klassifizierungscode	Verpackungsgruppe	Gefahrzettel	Sondervorschriften	Begrenzte und freigestellte Mengen		Verpackung		
									Anweisungen	Sondervorschriften	Zusammenpackung
	3.1.2	2.2	2.2	2.1.1.3	5.2.2	3.3	3.4.6/3.5.1.2		4.1.4	4.1.4	4.1.10
(1)	(2)	(3a)	(3b)	(4)	(5)	(6)	(7a)	(7b)	(8)	(9a)	(9b)
0081	SPRENGSTOFF, TYP A	1	1.1D		1	616 617	0	E0	P116	PP63 PP66	MP20
1077	PROPEN	2	2F		2.1	662	0	E0	P200		MP9
1202	DIESELKRAFTSTOFF oder GASÖL oder HEIZÖL, LEICHT (Flammpunkt höchstens 60 °C)	3	F1	III	3	640K 664	5L	E1	P001 IBC03 LP01 R001		MP19
1202	DIESELKRAFTSTOFF, der Norm EN 590: 2013 + A1: 2017 entsprechend, oder GASÖL oder HEIZÖL, LEICHT mit einem Flammpunkt gemäß EN 590: 2013 + A1: 2017	3	F1	III	3	640L 664	5L	E1	P001 IBC03 LP01 R001		MP19
1202	DIESELKRAFTSTOFF oder GASÖL oder HEIZÖL, LEICHT (Flammpunkt über 60 °C bis einschließlich 100 °C)	3	F1	III	3	640M 664	5L	E1	P001 IBC03 LP01 R001		MP19
1203	BENZIN oder OTTO-KRAFTSTOFF	3	F1	II	3	243 534 664	1L	E2	P001 IBC02 R001	BB2	MP19
1263	FARBE oder FARBZUBEHÖRSTOFFE ...	3	F1	II	3	163 367 640C 650	5L	E2	P001	PP1	MP19
1300	TERPENTINÖLERSATZ	3	F1	II	3		1L	E2	P001 IBC02 R001		MP19
1338	PHOSPHOR, AMORPH	4.1	F3	III	4.1		5 kg	E1	P410 IBC08 R001	B3	MP11
1350	SCHWEFEL	4.1	F3	III	4.1	242	5 kg	E1	P002 IBC08 LP02 R001	B3	MP11
1361	KOHLE oder RUSS, tierischen oder pflanzlichen Ursprungs	4.2	S2	III	4.2	665	0	E0	P002 IBC08 LP02 R001	PP12 B3	MP14
1400	BARIUM	4.3	W2	II	4.3		500 g	E2	P410 IBC07		MP14
1446	BARIUMNITRAT	5.1	OT2	II	5.1+6.1		1 kg	E2	P002 IBC08	B4	MP2
1831	SCHWEFELSÄURE, RAUCHEND	8	CT1	I	8+6.1		0	E0	P602		MP8 MP17
1832	SCHWEFELSÄURE, GEBRAUCHT	8	C1	II	8	113	1L	E0	P001 IBC02		MP15
1965	KOHLENWASSERSTOFFGAS, GEMISCH, VERFLÜSSIGT, N.A.G. (Gemisch A, A01, A02, A0, A1, B1, B2, B oder C)	2	2F		2.1	274 392 583 652 662 674	0	E0	P200		MP9
2212	ASBEST, AMPHIBOL (Amosit, Tremolit, Aktinolith, Anthophyllit, Krokydolith)	9	M1	II	9	168 274 542	1 kg	E0	P002 IBC08	PP37 B4	MP10
2570	CADMIUM-VERBINDUNG	6.1	T5	I	6.1	274 596	0	E5	P002 IBC07		MP18
3102	ORGANISCHES PEROXID TYP B, FEST	5.2	P1		5.2+1	122 181 274	100 g	E0	P520		MP4
3377	NATRIUMPERBORAT-MONOHYDRAT	5.1	O2	III	5.1		5 kg	E1	P002 IBC08 LP02 R001	B3	MP10

ortsbewegliche Tanks und Schüttgut-Container		ADR-Tanks		Fahrzeug für die Beförderung in Tanks	Beförderungskategorie (Tunnelbeschränkungscode)	Sondervorschriften für die Beförderung				Nummer zur Kennzeichnung der Gefahr	UN-Nummer
Anweisungen	Sondervorschriften	Tankcodierung	Sondervorschriften			Versandstücke	lose Schüttung	Be- und Entladung, Handhabung	Betrieb		
4.2.5.2, 7.3.2	4.2.5.3	4.3	4.3.5, 6.8.4	9.1.1.2	1.1.3.6 (8.6)	7.2.4	7.3.3	7.5.11	8.5	5.3.2.3	
(10)	(11)	(12)	(13)	(14)	(15)	(16)	(17)	(18)	(19)	(20)	(1)
					1 (B1000C)	V2 V3		CV1 CV2 CV3	S1		0081
T50 (M)		PxBN(M)	TA4 TT9	FL	2 (B/D)			CV9 CV10 CV36	S2 S20	23	1077
T2	TP1	LGBF		FL	3 (D/E)	V12			S2	30	1202
T2	TP1	LGBF		AT	3 (D/E)	V12			S2	30	1202
T2	TP1	LGBV		AT	3 (D/E)	V12				30	1202
T4	TP1	LGBF	TU9	FL	2 (D/E)				S2 S20	33	1203
T4	T1 TP8 TP28	L1,5BN		FL	2 (D/E)				S2 S20	33	1263
T4	TP1	LGBF		FL	2 (D/E)				S2 S20	33	1300
T1	TP33	SGAV		AT	3 (E)		VC1 VC2			40	1338
T1 BK1 BK2 BK3	TP33	SGAV		AT	3 (E)		VC1 VC2			40	1350
T1	TP33	SGAV		AT	4 (E)	V1 V13	VC1 VC2 AP1			40	1361
T3	TP33	SGAN		AT	2 (D/E)	V1		CV23		423	1400
T3	TP33	SGAN	TU3	AT	2 (E)	V11		CV24 CV28		56	1446
T20	TP2	L10BH		AT	1 (C/D)			CV13 CV28	S14	X886	1831
T8	TP2	L4BN	TU42	AT	2 (E)					80	1832
T50 (M)		PxBN(M)	TA4 TT9 TT11	FL	2 (B/D)			CV9 CV10 CV36	S2 S20	23	1965
T3	TP33	SGAH	TU15	AT	2 (E)	V 11		CV1 CV13 CV28	S19	90	2212
T6	TP33	S10AH L10CH	TU14 TU15 TE19 TE21	AT	1 (C/E)	V10		CV1 CV13 CV28	S9 S14	66	2570
					1 (B)	V1 V5		CV15 CV20 CV22 CV24	S9 S17		3102
T1 BK1 BK2 BK3	TP33	SGAV	TU3	AT	3 (E)		VC1 VC2 AP6 AP7	CV24		50	3377

Alle für die Beförderung wesentlichen Stoffangaben sind im ADR in der umfangreichen **Tabelle A** Kapitel 3.2 nach **UN-Nummern** aufsteigend zusammengefasst. Zur Vereinfachung des Sprachgebrauchs wird die „Tabelle A Verzeichnis der gefährlichen Güter" in diesem Heft als „Gefahrgut-Verzeichnis" bezeichnet. Ein Auszug aus der Tabelle befindet sich auf den folgenden beiden Seiten.

Wichtig sind insbesondere die Spalten

- 1 UN-Nummer
- 2 Benennung und Beschreibung
- 3a Klasse
- 4 Verpackungsgruppe
- 5 Gefahrzettel
- 10 Anweisungen ortsbewegliche Tanks/Schüttgutcontainer
- 15 Beförderungskategorie/Tunnelbeschränkungscode
- 16 Sondervorschriften für Beförderung in Versandstücken
- 17 Sondervorschriften für Beförderung in loser Schüttung
- 18 Sondervorschriften für Be- und Entladung, Handhabung
- 19 Sondervorschriften für Betrieb
- 20 Nummer zur Kennzeichnung der Gefahr

ADR-Vertragstaaten:

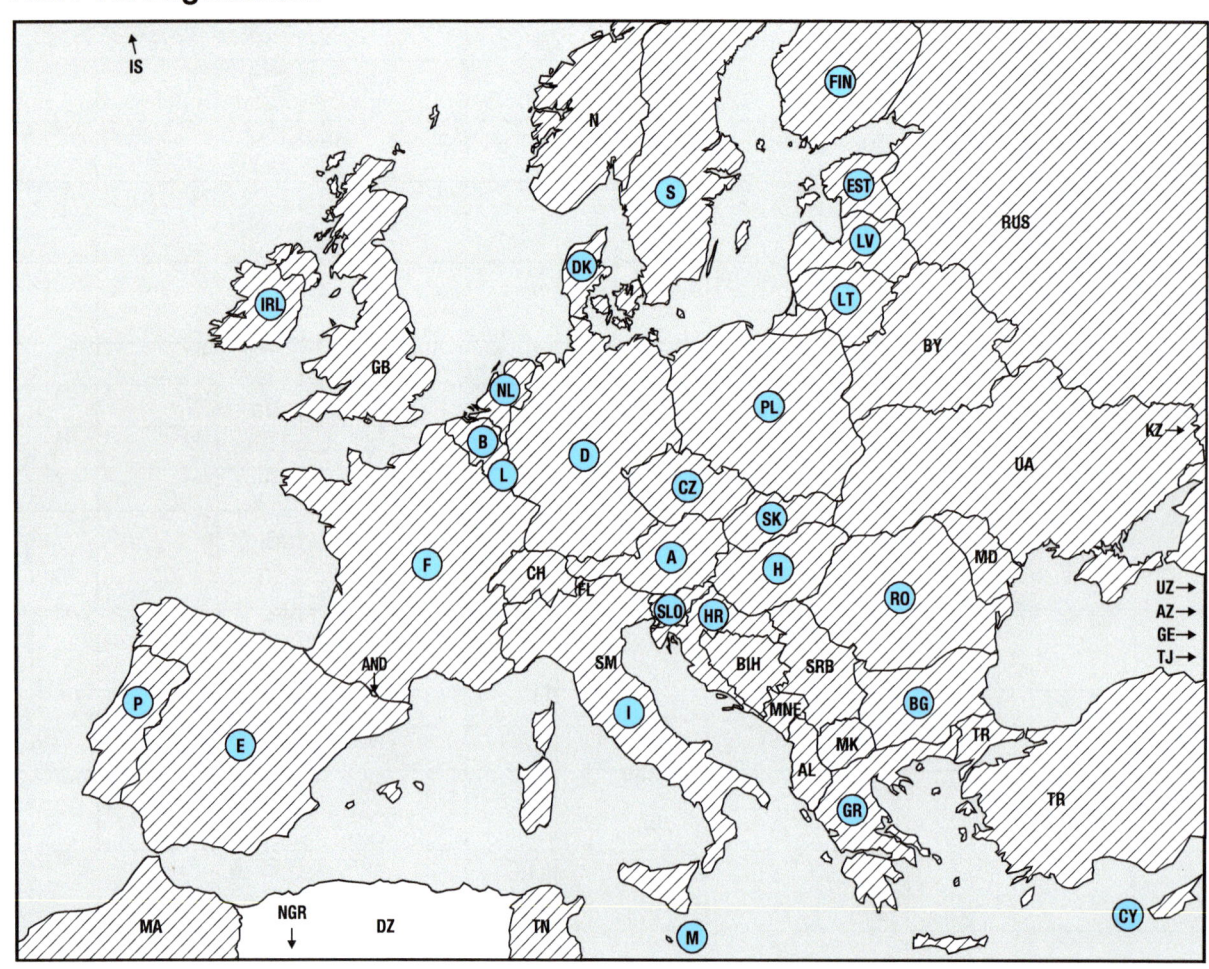

1.5 Ausnahmen von GGVSEB und ADR

In besonderen Fällen ist die Einhaltung von GGVSEB/ADR nicht oder nur mit unverhältnismäßig hohem Aufwand möglich. Es gibt deshalb verschiedene Möglichkeiten, in Ausnahmefällen legal von den Regelvorschriften abzuweichen.

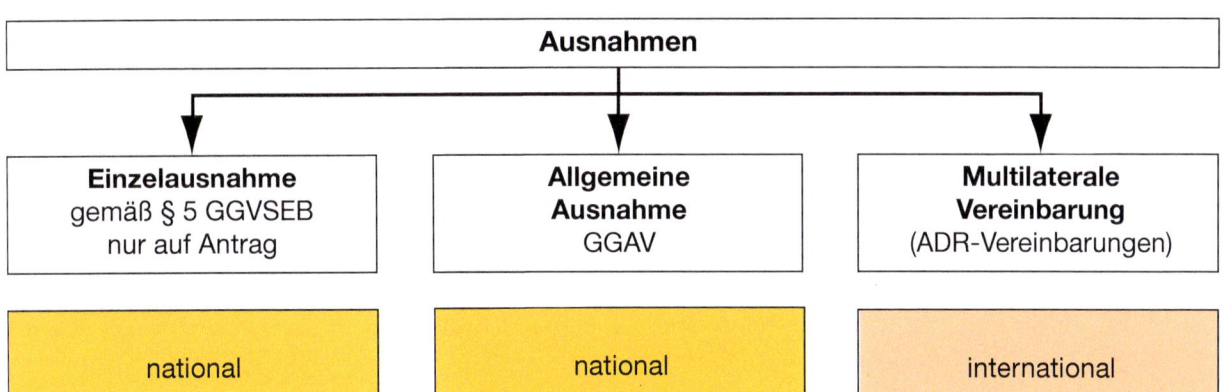

Ausnahmen		
Einzelausnahme gemäß § 5 GGVSEB nur auf Antrag	**Allgemeine Ausnahme** GGAV	**Multilaterale Vereinbarung** (ADR-Vereinbarungen)
national	national	international

Beispiel:
Ein Fahrer kann auf Grund langer Krankheit seine ADR-Bescheinigung nicht fristgerecht verlängern. Mit entsprechendem Attest besteht bei der zuständigen Landesstelle die Möglichkeit, eine Ausnahme gemäß § 5 GGVSEB zu beantragen. Mit der entsprechenden Ausnahme darf der Fahrer die Auffrischungsschulung zu einem späteren Zeitpunkt besuchen und seine ADR-Schulungsbescheinigung damit verlängern, obwohl sie abgelaufen ist.

(**Hinweis:** Andere Einzelausnahmen müssen ggf. mitgeführt und **Auflagen** daraus eingehalten werden.)

Diese Ausnahmen können in Deutschland bzw. auf der deutschen Teilstrecke von der Allgemeinheit angewendet werden. Sie werden in der **Gefahrgut-Ausnahmeverordnung (GGAV)** bekanntgegeben und ermöglichen Abweichungen von einzelnen Bestimmungen des ADR.

Beispiel:
Ausnahme 18 (S): Beförderungspapier
Beförderung von Gefahrgütern ohne Beförderungspapier unter Einhaltung der Mengengrenzen des Unterabschnitts 1.1.3.6 bzw. Beförderung von leeren ungereinigten Tankfahrzeugen, MEGC, Batteriefahrzeugen usw. oder Verzicht auf Angaben im Beförderungspapier bei örtlich begrenzten Verkehren (Verteilerverkehr)
Die Ausnahme ist befristet bis zum 30.06.2027.

Dies sind Abweichungen (Erleichterungen) vom ADR, die zwischen ADR-Staaten vereinbart wurden. Sie gelten nur auf dem Gebiet dieser Staaten. Im Beförderungspapier wird diese Abweichung eingetragen, wenn das der Text der Multilateralen Vereinbarung vorschreibt.

Beispiel:
Explosive Stoffe und Gegenstände aus militärischen Beständen mit einem Verpackungsdatum vor dem 01.01.1990, die ausschließlich für die Vernichtung bestimmt sind, können unter den Bedingungen der M313 befördert werden. Im Beförderungspapier muss folgender Vermerk eingetragen sein: „Beförderung vereinbart nach Abschnitt 1.5.1 ADR (M313)". Diese Vereinbarung gilt derzeit in Schweden und Deutschland und ist bis zum 15.06.2023 befristet.

(zu Ausnahmen siehe auch Seite 79)

- **Freistellungen in Zusammenhang mit der Art der Beförderungsdurchführung (1.1.3 ADR)**

  Die Vorschriften des ADR gelten unter bestimmten Bedingungen u.a. **nicht** für:

  - Beförderungen durch **Privatpersonen**, soweit einzelhandelsgerecht abgepackte Güter zum persönlichen oder häuslichen Gebrauch oder für Sport und Freizeit befördert werden (Entzündbare flüssige Stoffe in wiederbefüllbaren Behältern sind auf höchstens 60 l je Behälter und 240 l je Beförderungseinheit begrenzt.),

  - Die bisherige Freistellung für **nicht näher bezeichnete Maschinen oder Geräte, die Gefahrgut enthalten**, entfiel im ADR 2019. Stattdessen wird anhand des enthaltenen Gefahrgutes und dessen Menge entschieden, welcher UN-Nummer diese Maschine oder dieses Gerät zuzuordnen ist. Hier gibt es die Möglichkeit, dass die Regelungen erst ab dem 01.01.2023 anzuwenden sind. Voraussetzung hierfür ist, dass es unter normalen Beförderungsbedingungen nicht zu einem Freiwerden der Inhaltsstoffe kommt.

  - Beförderungen sogenannter **Kleinmengen** durch Unternehmen in Verbindung mit ihrer Haupttätigkeit (*siehe Seite 151*) zu und von **Baustellen** und zu **Mess-** oder **Reparaturstellen** in Verpackungen incl. IBC und Großverpackungen zu max. je 450 l (darunter fallen auch landwirtschaftliche Beförderungen gefährlicher Güter.)

  - Beförderungen, die unter **Überwachung** der zuständigen **Behörden** oder von der zuständigen Behörde durchgeführt werden:
    - Beförderungen mit Abschleppfahrzeugen
    - Beförderungen von havariertem Gefahrgut an einen nahen geeigneten Ort,

  - Beförderung von **Lagerbehältern** für bestimmte Stoffe der Klassen 2, 3, 6.1 oder 9,

  - Verwendung von gefährlichen, erstickend wirkenden Gütern zu Kühl- oder Konditionierungszwecken in Fahrzeugen oder Containern und bei der Beförderung von Trockeneis in Fahrzeugen oder Containern. Hier gelten nur die Vorschriften des Abschnitts 5.5.3 ADR (Trockeneis),

  - Beförderung von **flüssigen Brennstoffen** (Brennstoffe schließen auch Kraftstoffe ein.)

    - Kraftstoff als Betriebsstoff in Behältern von Fahrzeugen, der zum Antrieb oder zum Betrieb von Einrichtungen benötigt wird, bis maximal 1500 l je Beförderungseinheit (auf einem Anhänger befestigter Behälter: maximal 500 l und in tragbaren Kraftstoffbehältern maximal 60 l); hierzu gehören auch Container, die fest mit einem Fahrzeug verbunden sind und eine entsprechende Einrichtung enthalten. Die Einrichtung muss während der Beförderung verwendet werden.

- **Freistellung von Teilen des ADR durch Sondervorschriften (hier SV 392)**

  Für die Beförderung von Gasspeichersystemen für Fahrzeuge zur Wartung, zur Reparatur, zur Entsorgung, zum Recycling oder vom Hersteller zum Fahrzeugmontagewerk zwecks Einbau gelten bei Erfüllung folgender Voraussetzungen die Anforderungen an die Druckgefäße und die geforderte Verpackung nicht:

  - die Gasspeichersysteme entsprechen den jeweils zutreffenden Normen bzw. Vorschriften für Kraftstoffbehälter von Fahrzeugen

- die Gasspeichersysteme sind dicht und weisen keine Zeichen äußerer Beschädigung auf

- gasdichter Verschluss des Gasspeichersystems

- Befüllung mit maximal 20 % des Füllungsgrades außer bei Entsorgung, Recycling, Reparatur, Prüfung oder Wartung

1.6 Andere Regelwerke

Welche Bestimmungen aus anderen Regelwerken sind bei der Gefahrgutbeförderung zum Beispiel zu beachten?

1.6.1 Gefahrstoffverordnung (GefStoffV)/CLP-Verordnung/GHS/REACH

Die Gefahrstoffverordnung regelt den **innerbetrieblichen Umgang** mit und die Lagerung von Gefahrstoffen. Durch die Einhaltung der Gefahrstoffverordnung soll im Wesentlichen sichergestellt werden, dass Personen, die einen offenen Umgang mit diesen Stoffen haben, nicht zu Schaden kommen und die Stoffe die Umwelt nicht schädigen.

Die meisten Gefahrgüter gelten auch als Gefahrstoffe. Darüber hinaus enthält die Gefahrstoffverordnung noch eine Reihe von Stoffen, auf die das ADR nicht anzuwenden ist. Mit der Einführung des „GHS" seit 2008 wird das Gefahrstoffrecht an das Gefahrgutrecht angeglichen. „GHS" – Globally Harmonized System, Beispiele für GHS-Piktogramme:

1.6.2 Kreislaufwirtschaftsgesetz (KrWG)

Das Kreislaufwirtschaftsgesetz bestimmt, dass Abfälle möglichst zu vermeiden sind oder dem Wirtschaftskreislauf zugeführt werden müssen.

Unvermeidbare Abfälle müssen ordnungsgemäß entsorgt werden, z.B. durch Verbrennung oder Ablagerung (Deponie). Die ordnungsgemäße Entsorgung wird von der Behörde mittels eines **Begleitscheinverfahrens** überwacht (in den einzelnen Bundesländern sind unterschiedliche Behörden zuständig). Auf dem Begleitschein dokumentieren die einzelnen Beteiligten die Übergabe bzw. Übernahme des Abfalls.

Die Beförderung von gefährlichen Abfällen ist in der Regel erlaubnispflichtig. Fahrzeuge, die für Abfallbeförderungen eingesetzt werden, werden mit einer Tafel (schwarzes „A" auf weißem Grund) gekennzeichnet.

> **Merke**
>
> ✔ Wenn ein Abfall gleichzeitig Gefahrgut ist (z.B. gebrauchte Kraftstofffilter), ist zusätzlich die GGVSEB/das ADR zu beachten.

1.6.3 Betriebssicherheitsverordnung (BetrSichV)

Außer dem ADR enthält auch die **Betriebssicherheitsverordnung** Vorschriften für den Umgang mit brennbaren Flüssigkeiten und für Druckbehälter. Derzeit werden die Technischen Regeln (TRB) nach und nach dem neuen Rechtsstand angepasst.

1.6.3.1 Ortsbewegliche-Druckgeräte-Verordnung (ODV)

Die Vorschriften der Betriebssicherheitsverordnung werden hinsichtlich der ortsbeweglichen Druckgeräte (z.B. Gasflaschen, Feuerlöscher, Tanks, Batterie-Fahrzeuge) durch die **ODV** präzisiert.

Während der **Beförderung im Straßenverkehr** unterliegen die ortsbeweglichen Druckgeräte der **GGVSEB** mit ADR.

Die Ortsbewegliche-Druckgeräte-Verordnung (ODV) regelt u.a. die europaweit geltende Zulassung von Druckgeräten und deren Prüfung durch sogenannte Prüflabors.

1.6.3.2 TRGS 510 Lagerung von Gefahrstoffen in ortsbeweglichen Behältern

Die TRGS 510 gilt unter anderem für die **Lagerung** brennbarer Flüssigkeiten.

Dabei werden folgende Unterscheidungen getroffen:

- **Hochentzündliche Flüssigkeiten** – das sind Stoffe mit einem Flammpunkt unter 23 °C und einem Siedepunkt unter/bis 35 °C (Kennzeichnung mit H 224)

- **Leichtentzündliche Flüssigkeiten** – sind Stoffe mit einem Flammpunkt unter 23 °C und einem Siedepunkt über 35 °C (Kennzeichnung mit H 225)

- **Entzündliche Flüssigkeiten** – sind Stoffe mit einem Flammpunkt von 23 °C bis einschließlich 60 °C (Kennzeichnung mit H 226)

Merke

✔ Stoffe mit einem Flammpunkt > 60 °C, die auf oder über ihren Flammpunkt erwärmt befördert werden, unterliegen dem ADR (UN 3256).

Hinweis: Stoffe mit einem Flammpunkt > 60 °C sind in der Regel nicht mehr der Klasse 3 ADR unterstellt (ausgenommen HEIZÖL, LEICHT, DIESELKRAFTSTOFF und GASÖL).

1.6.4 Sprengstoffgesetz (SprengG)

Das **Sprengstoffgesetz** mit seinen Verordnungen regelt den Umgang mit explosionsgefährlichen Stoffen.

Wer damit umgeht, muss eine Erlaubnis haben. Wer allein als Fahrzeugführer Sprengstoffe befördert (entspricht „verbringen" nach SprengG), benötigt grundsätzlich einen Befähigungsschein nach § 20 SprengG.

1.6.5 Strahlenschutzgesetz (StrlSchG)/Strahlenschutzverordnung (StrlSchV)

Durch das **Strahlenschutzgesetz** und die **Strahlenschutzverordnung** wird der Umgang mit radioaktiven Stoffen auf zuverlässige und fachkundige Personen begrenzt und die Strahlenbelastung minimiert. So ist beispielsweise für die Beförderung radioaktiver Stoffe grundsätzlich eine Beförderungsgenehmigung erforderlich.

1.6.6 Straßenverkehrs-Ordnung (StVO)

Welche Bedeutung haben folgende Verkehrszeichen?[*]

Zeichen 354

(A) _____

Zeichen 269

(B) Verbot für Fahrzeuge mit einer Ladung

_____ Stoffe
(gilt ab Mengen von mehr als 20 l)

Zeichen 250
mit Zusatzzeichen 1052–30

(C) _____ für kennzeichnungspflichtige Kraftfahrzeuge mit gefährlichen
Gütern

Zeichen 261

(D) Verbot für_____

_____-pflichtige Kraft-
fahrzeuge mit gefährlichen Gütern

Zeichen 261 mit Zusatzschild

(E) _____ für kennzeichnungspflichtige Kraftfahrzeuge mit bestimmten-
Tunnelbeschränkungscodes

Zeichen 327

(F) _____

---

[*] *Lösungen am Ende des Buches*

Zeichen 442–32   Zeichen 442–13   Zeichen 274 mit Zusatzschild 1052–30

(G) Vorwegweiser für _____ Fahrzeuge bzw. Fahrzeuge mit _____ Ladung Es empfiehlt sich, sich frühzeitig einzuordnen.

(H) _____ nur für _____ _____ Kraftfahrzeuge mit gefährlichen Gütern

(I) Vorgeschriebene _____ für kennzeichnungspflichtige Gefahrgutfahrzeuge

Das Zeichen 269 „Verbot für Fahrzeuge mit einer Ladung wassergefährdender Stoffe" ist zu beachten, wenn die Beförderungseinheit oder die Versandstücke mit dem Kennzeichen für umweltgefährdende Stoffe versehen ist und mehr als 20 l wassergefährdender Stoffe befördert werden. Das Verbot gilt auch für alle anderen wassergefährdenden Stoffe im Sinne des Wasserhaushaltsgesetzes (z.B. Mineralöle, Flüssigwaschmittel), die als Ladung befördert werden.

Verhalten bei schlechter Witterung (§ 2 Abs. 3a StVO)

Beträgt die Sichtweite weniger als 50 m oder herrscht Schneeglätte oder Glatteis, müssen die Führer kennzeichnungspflichtiger Kraftfahrzeuge mit Gefahrgütern eine Gefährdung anderer ausschließen; wenn nötig, ist der nächste geeignete Platz zum Parken aufzusuchen (Schlechtwetterregel). **Auf Rundfunkdurchsagen achten!** Bereifung und Ausrüstung sind an das Wetter anzupassen.

Fahrverbot bei Schneeglätte, sonst bleibt man liegen und es droht ein Bußgeld!

Ungeachtet anderer Vorschriften dürfen Kraftfahrzeuge mit einer zulässigen Gesamtmasse (zGM) von mehr als 7,5 t bei einer Sicht unter 50 m durch Nebel, Regen oder Schnee gemäß StVO generell nicht überholen.

1.7 Fürs Gedächtnis

! Die **EG-Richtlinie** über die Beförderung gefährlicher Güter im Binnenland verpflichtet die Staaten der EU, das ADR auch innerstaatlich anzuwenden.

! Die **GGVSEB** regelt den innerstaatlichen, grenzüberschreitenden und innergemeinschaftlichen Gefahrguttransport auf Straßen, mit Eisenbahnen und Binnenschiffen. Sie verweist auf die Anlagen A und B des ADR.

! Bei **innerstaatlichen** Transporten gelten neben dem ADR noch nationale Besonderheiten. Zu beachten sind unter anderem:

- Anlagen 2 und 3 der GGVSEB
- Wasserhaushaltsgesetz (WHG)
- Kreislaufwirtschaftsgesetz (KrWG)
- Gefahrstoffverordnung (GefStoffV) und GHS
- Produktsicherheitsgesetz (ProdSG)
- Betriebssicherheitsverordnung (BetrSichV)
    - TRBS
    - TRGS
- Ortsbewegliche-Druckgeräte-Verordnung (ODV)
- Gefahrgut-Kontrollverordnung (GGKontrollV)

! Wesentliche Vorschriften von GGVSEB/ADR beziehen sich auf

- Pflichten der am Transport beteiligten Personen
- Fahrzeuge und ihre Ausrüstung
- Klassifizierung der Gefahrgüter
- Vorschriften für Gefahrgutumschließungen (Verpackungen, Tanks, Schüttgut-Container)

! Das ADR gilt in 52 vorwiegend europäischen Staaten.

! Bei der **Beförderung geringer Gefahrgutmengen** müssen nicht alle Vorschriften des ADR eingehalten werden (Freistellungen).

! Es gelten besondere Verkehrszeichen für Gefahrguttransporte:

- Wasserschutzgebiet (vorsichtig fahren)
- Verbotszeichen für kennzeichnungspflichtige Gefahrgutfahrzeuge
- Verbotszeichen für Fahrzeuge mit wassergefährdender Ladung
- Zusatzzeichen für Tunnelkategorien

und die Schlechtwetterregel.

! Gefahrgutfahrzeuge sind gegen **terroristischen Missbrauch** zu schützen.

1.8 Kontrollfragen

1. Bei welcher Gefahrgutbeförderung ist dieses Verkehrszeichen zu beachten?

❏ A Bei Beförderung undichter Tanks

❏ B Bei Beförderung wassergefährdender bzw. umweltgefährdender Stoffe

❏ C Bei Gefahrguttransporten in Hochwassergebieten

❏ D Bei Beförderung von Gütern in elliptischen Tanks (1.6.6)

2. Wie heißt das internationale Regelwerk, das grundsätzlich bei grenzüberschreitenden Gefahrguttransporten auf der Straße zu beachten ist?

❏ A GGVSEB

❏ B GGAV

❏ C ADN

❏ D ADR (1.3)

3. Welches Verkehrszeichen gilt ausschließlich für Sie, wenn Ihr Fahrzeug mit diesem Kennzeichen versehen ist?

❏ A

❏ B

❏ C

❏ D  (1.6.6)

4. **Welche gefahrgutrechtliche Vorschrift neben dem ADR kennen Sie noch?**

❏ A   Arbeitsstättenverordnung

❏ B   Straßenverkehrszulassungsordnung

❏ C   §§ 35 bis 35c GGVSEB

❏ D   Mutterschutzgesetz   (1.4.1)

5. **Bei welchen Gefahrgutbeförderungen ist dieses Verkehrszeichen zu beachten?**

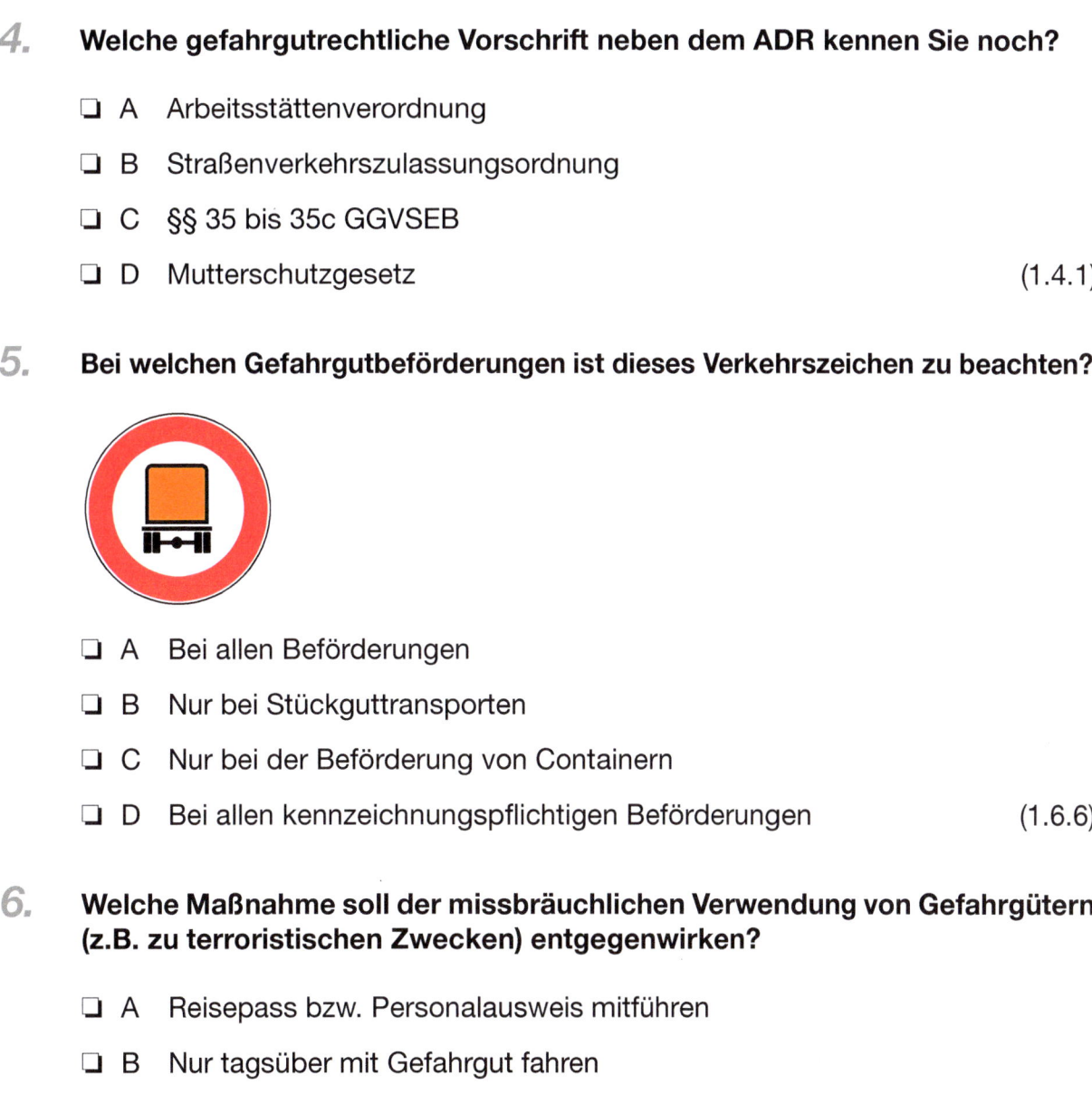

❏ A   Bei allen Beförderungen

❏ B   Nur bei Stückguttransporten

❏ C   Nur bei der Beförderung von Containern

❏ D   Bei allen kennzeichnungspflichtigen Beförderungen   (1.6.6)

6. **Welche Maßnahme soll der missbräuchlichen Verwendung von Gefahrgütern (z.B. zu terroristischen Zwecken) entgegenwirken?**

❏ A   Reisepass bzw. Personalausweis mitführen

❏ B   Nur tagsüber mit Gefahrgut fahren

❏ C   Zuständige Behörde bei Ausfahrt vom Firmengelände informieren

❏ D   Keine besonderen Maßnahmen erforderlich   (1.2)

7. Welches Verkehrszeichen gilt als Vorwegweiser bei Umleitungsstrecken für kennzeichnungspflichtige Gefahrgut-Fahrzeuge?

❏ A

❏ B

❏ C

❏ D

(1.6.6)

8. Wie muss sich ein Fahrzeugführer bei diesem Verkehrszeichen verhalten?

❏ A Ein Beifahrer ist vorgeschrieben.

❏ B Das Wasserschutzgebiet muss umfahren werden.

❏ C Er darf nicht halten.

❏ D Wenn das Fahrzeug wassergefährdende Stoffe geladen hat, muss er sich besonders vorsichtig verhalten. (1.6.6)

9. Sie befördern Gefahrgüter mit folgendem Kennzeichen:
Müssen Sie das abgebildete Verkehrszeichen beachten?

- ❏ A In keinem Fall.

- ❏ B Das Verkehrszeichen muss nur beachtet werden, wenn die orangefarbenen Tafeln geöffnet sind.

- ❏ C Ja, immer.

- ❏ D Ja, wenn die beförderte Menge größer als 20 l ist. (1.6.6)

10. Welches Ziel soll mit den Vorschriften des ADR erreicht werden?

- ❏ A Ausschließlich die Sicherheit des Fahrzeugführers ist das Ziel.

- ❏ B Es soll besondere Sicherheit für Gefahrguttransporte auf der Straße, mit der Eisenbahn und im Luftverkehr erreicht werden.

- ❏ C Sie sollen den Gefahrguttransport auf Straßen möglichst sicher machen.

- ❏ D Die Gefahrgutvorschriften dienen nur dem Umweltschutz. (1.1)

11. Welche Vorschriften sind zu beachten, wenn gebrauchte Kraftstofffilter befördert werden sollen?

- ❏ A Kein Gefahrgut, kein Abfall; deshalb nur StVO beachten

- ❏ B Kein Gefahrgut, aber Abfall; deshalb das Abfallgesetz beachten

- ❏ C Gefahrgut- und abfallrechtliche Vorschriften sind zu beachten

- ❏ D Nur Gefahrgut; deshalb gefahrgutrechtliche Vorschriften beachten (1.6.2)

12. In welchem Fall gelten die Gefahrgutvorschriften nicht?

- ❏ A Bei der Beförderung einzelhandelsgerecht abgepackter gefährlicher Güter

- ❏ B Bei der Beförderung gefährlicher Güter auf Flussfähren

- ❏ C Bei Beförderung durch Privatpersonen, wenn die Gefahrgüter einzelhandelsgerecht verpackt sind

- ❏ D Bei der Beförderung gefährlicher Güter mit Pkw (1.5)

13. **Wie müssen Sie sich als Fahrzeugführer einer kennzeichnungspflichtigen Gefahrgutbeförderungseinheit bei einer Sichtweite von weniger als 50 m bei starkem Schneefall verhalten?**

❏ A   Auf dem nächsten Parkplatz sofort Winterreifen oder Schneeketten montieren.

❏ B   Sie müssen sich so verhalten, dass jede Gefährdung anderer Verkehrsteilnehmer ausgeschlossen ist.

❏ C   Sofort auf dem Standstreifen anhalten.

❏ D   Sie dürfen höchstens mit einer Geschwindigkeit von 40 km/h bis zur nächsten Abladestelle fahren. (1.6.6)

2 Allgemeine Gefahreneigenschaften

2.1 Gefahreneigenschaften gefährlicher Güter

Unter Gefahrgütern versteht man nach den Gefahrgutvorschriften **Stoffe und Gegenstände, von denen auf Grund ihrer Natur, ihrer Eigenschaften oder ihres Zustandes im Zusammenhang mit der Beförderung Gefahren für die öffentliche Sicherheit oder Ordnung, insbesondere für die Allgemeinheit, für wichtige Gemeingüter, für Leben und Gesundheit von Menschen sowie für Tiere und Sachen ausgehen** können. Sie werden entsprechend ihren chemischen Eigenschaften (z.B. entzündbar), ihrem Aggregatzustand (z.B. flüssig, gasförmig, fest) und den von ihnen ausgehenden Gefahren (z.B. explosiv, giftig, ätzend als primäre Gefahr) nach **Klassen** geordnet (*siehe Tabelle Seite 31*).

Merke

Gefahrklassen = Eigenschaften (Ausnahme: Klasse 9)

2.2 Erscheinungsformen gefährlicher Güter

Gefahrgüter sind fest, flüssig oder gasförmig.

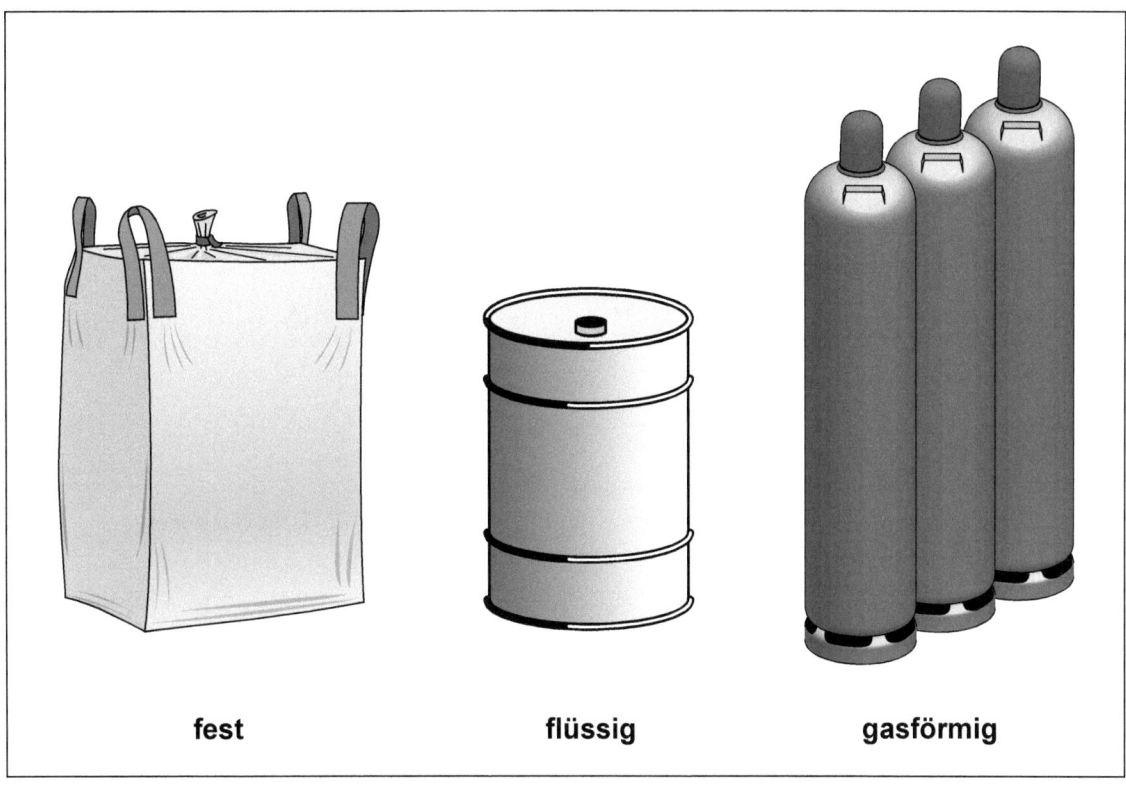

| fest | flüssig | gasförmig |

2.3 Stoffbenennung

Im Gefahrgut-Verzeichnis wird fast allen Stoffen und Gegenständen eine UN-Nummer (= Stoffnummer) zugeteilt. Stoffe werden einer Klasse und einer Verpackungsgruppe (I, II oder III), Gegenstände nur einer Klasse zugeordnet.

Beispiele:

UN-Nummer (1)	Benennung und Beschreibung (2)	Verpackungs-gruppe (4)	Gefahrzettel (5)
1263	FARBE oder FARBZUBEHÖRSTOFFE	II	3
3480	LITHIUM-IONEN-BATTERIEN	-	9A

Die Stoffbenennung und die in den Beispielen genannten Angaben finden Sie im Beförderungspapier *(siehe Themensektor 3).*

2.4 Verpackungsgruppen

Innerhalb der meisten Klassen (Ausnahmen Klassen 1, 2, 5.2, 6.2, 7 und teilweise 9) sind die einzelnen Stoffe in Abhängigkeit von ihrem jeweiligen Gefahrengrad nach **Verpackungsgruppen (I, II oder III)** eingeteilt.

Die Verpackungsgruppe ist bei Stoffen Anhaltspunkt für den **Gefahrengrad** und bestimmt die Anforderungen an die Verpackung: Je gefährlicher das Gut, desto sicherer muss die Verpackung sein.

Die Verpackungsgruppen I, II oder III bedeuten im Allgemeinen

Verpackungsgruppe I	Stoffe mit **hoher** Gefahr	(z.B. UN 2014, Wasserstoffperoxid, wässerige Lösung, ..., Klasse 5.1)
Verpackungsgruppe II	Stoffe mit **mittlerer** Gefahr	(z.B. UN 1203 Benzin, Klasse 3)
Verpackungsgruppe III	Stoffe mit **geringer** Gefahr	(z.B. UN 1202 Dieselkraftstoff, Klasse 3)

In der Klasse 8 beispielsweise haben die Verpackungsgruppen abweichende Bedeutungen:

a) Verpackungsgruppe I: sehr gefährliche Stoffe und Gemische
b) Verpackungsgruppe II: Stoffe und Gemische, die eine mittlere Gefahr darstellen
c) Verpackungsgruppe III: Stoffe und Gemische, die eine geringe Gefahr darstellen

Gegenstände, die Gefahrgut enthalten, werden keiner Verpackungsgruppe zugeordnet. Die Anforderungen an die Verpackung ergeben sich aus den dazugehörigen Verpackungsanweisungen.

2.5 Klassifizierungscode

Eine Abkürzung in Buchstaben, die auf die Gefahr hinweist, die von dem jeweiligen Stoff oder Gegenstand ausgeht (z.B. „F" für entzündbare flüssige Stoffe ohne Zusatzgefahr *(weitere Codes auf Seite 35)*). Der Klassifizierungscode wird für den jeweiligen Stoff in Spalte 3b des Gefahrgut-Verzeichnisses angegeben. Er hat keine Bedeutung für das Beförderungspapier.

Sammeleintragungen

Nicht alle Stoffe oder Gegenstände können namentlich im Gefahrgut-Verzeichnis aufgeführt werden, sie fallen dann unter eine Sammelbezeichnung, die den Zusatz „n.a.g." (n.a.g. = **n**icht **a**nderweitig **g**enannt) hat. Die Sammelbezeichnungen beinhalten Gemische aus verschiedenen gefährlichen Stoffen. Stoffe mit nicht gefährlichen Beimischungen müssen unter der UN-Nummer und Benennung des Einzelstoffes mit dem Zusatz „Lösung" oder „Gemisch" klassifiziert werden.

Beispiele für Sammelbezeichnungen:

UN 1965   KOHLENWASSERSTOFFGAS, GEMISCH, VERFLÜSSIGT, **N.A.G.**
(Gemisch C), 2.1, (B/D)

UN 3082   UMWELTGEFÄHRDENDER STOFF, FLÜSSIG, **N.A.G.**
((R)-p-Mentha-1,8-dien), 9, III, (E)

UN 1987   ALKOHOLE, **N.A.G.** (2-Propanol, Ethanol), 3, II, (D/E)

2.6 Abfälle

Abfälle, die befördert werden und gefährliche Eigenschaften haben, sind wie andere Gefahrgüter zu befördern. Sie sind einer der Klassen 1 bis 9 zuzuordnen.

Es wurde ein vereinfachtes Verfahren für die Klassifizierung gefährlicher Abfälle eingeführt. Bei der Beförderung gefährlicher Abfälle muss dies im Beförderungspapier besonders ausgewiesen werden:

UN 1263 Farbe, 3, III, (D/E) „ABFALL NACH ABSATZ 2.1.3.5.5"

(Details zum Beförderungspapier siehe Themenbereich 3)

2.7 Tunnelbeschränkungscode

Der Tunnelbeschränkungscode (TBC) gibt den Gefahrengrad an, der von jedem Gefahrgut für Tunnelbauwerke ausgeht. In Abhängigkeit von der **Tunnelkategorie** gibt der Tunnelbeschränkungscode an, ob der Tunnel durchfahren werden darf. Beim Verbot der Durchfahrt muss die Umleitungsstrecke benutzt werden. Der TBC wird für die Gefahrgüter im Gefahrgut-Verzeichnis des ADR in Spalte 15 vorgegeben (*siehe Tabelle Seiten 10/11*). Er muss auch im Beförderungspapier angegeben sein, z.B. „(D/E)", außer wenn sichergestellt ist, dass kein Tunnel mit Beschränkungen durchfahren wird.

Für einige wenige UN-Nummern (zur Zeit UN 2814, 2900 (nur ein Eintrag), 2919, 3077, 3082, 3166, 3171, 3291, 3331, 3359, 3373, 3536, 3549) gibt es keinen Tunnelbeschränkungscode. Bei UN 2919 und 3331 können durch die Staaten Beschränkungen hinsichtlich der Tunneldurchfahrt ausgesprochen werden. (*Anwendung siehe Kapitel 6.5.1*). Hier muss im Beförderungspapier die vorgeschriebene Angabe „(-)" eingetragen werden.

Hinweis auf einen Tunnel der Tunnelkategorie E. Hier dürfen fast keine Gefahrgüter hindurch transportiert werden.

In Spalte 15 des Gefahrgut-Verzeichnisses werden die Tunnelbeschränkungscodes zu den gefährlichen Gütern angegeben.

Merke

✔ Bei der Tunnelkategorie E gelten die „schärfsten" Durchfahrtbeschränkungen.

2.8 Gefahrklassen

2.8.0 Übersicht: Klassen der Gefahrgüter

Klasse	Bezeichnung der Klasse	Gefahrzettel
1	Explosive Stoffe und Gegenstände mit Explosivstoff	
2	Gase	
3	Entzündbare flüssige Stoffe	
4.1	Entzündbare feste Stoffe, selbstzersetzliche Stoffe, polymerisierende Stoffe und desensibilisierte explosive feste Stoffe	
4.2	Selbstentzündliche Stoffe	
4.3	Stoffe, die in Berührung mit Wasser entzündbare Gase entwickeln	
5.1	Entzündend (oxidierend) wirkende Stoffe	
5.2	Organische Peroxide	
6.1	Giftige Stoffe	
6.2	Ansteckungsgefährliche Stoffe	
7	Radioaktive Stoffe	
8	Ätzende Stoffe	
9	Verschiedene gefährliche Stoffe und Gegenstände	

2.8.1   Klasse 1 – Explosive Stoffe und Gegenstände mit Explosivstoff

Gefahrzettel		mögliche Nebengefahren		GHS-Piktogramm
(Nr. 1)	(Nr. 1.4)	(Nr. 6.1)	(Nr. 8)	

explosiver Stoff, Gegenstand mit explosivem Stoff

*   Angabe der Verträglichkeitsgruppe, z.B. E
**   Angabe der Unterklasse, z.B. 1.1

Merke

Hantieren mit explosiven Stoffen erfordert größte Vorsicht
✔ Stoß- und Schlagempfindlichkeit
✔ Empfindlich gegen Temperaturerhöhung (Feuer)
✔ Empfindlich gegen Funken
✔ Empfindlich gegen elektromagnetische Strahlung
✔ Teilweise Entwicklung von giftigen und/oder ätzenden Nebeln, Dämpfen oder Rauch

Die Klasse 1 ist in folgende **Unterklassen** eingeteilt:

1.1 Stoffe und Gegenstände, die **massenexplosionsfähig** sind.

1.2 Stoffe und Gegenstände mit der Gefahr der Bildung von Splittern, Spreng- und Wurfstücken, die aber **nicht massenexplosionsfähig** sind.

1.3 Stoffe und Gegenstände, die eine **Feuergefahr** besitzen und die entweder eine geringe Gefahr durch Luftdruck oder eine geringe Gefahr durch Splitter, Spreng- und Wurfstücke oder durch beides aufweisen, aber **nicht massenexplosionsfähig** sind.

1.4 Stoffe und Gegenstände, die bei Entzündung oder Zündung aufgrund ihrer geringen Explosionsgefahr **keine bedeutsame Gefahr** darstellen.

1.5 Sehr **unempfindliche massenexplosionsfähige Stoffe.** Die Zündung oder der Übergang vom Brand zur Detonation ist unter normalen Beförderungsbedingungen sehr gering.

1.6 Extrem **unempfindliche Gegenstände**, nicht massenexplosionsfähig.

Beispiele:

– Trinitrotoluen (TNT)
– Schwarzpulver
– Zünder
– Feuerwerkskörper

Hinweis: In der Klasse 1 wird nicht nach Verpackungsgruppen unterschieden, sondern nach der Verträglichkeitsgruppe.

Beispiele: UN 0336 Feuerwerkskörper 1.4 <u>G</u>
UN 0337 Feuerwerkskörper 1.4 <u>S</u>

(Siehe hierzu auch „Aufbaukurs Klasse 1")

2.8.2   Klasse 2 – Gase

Gefahrzettel	mögliche Nebengefahren	GHS-Piktogramme

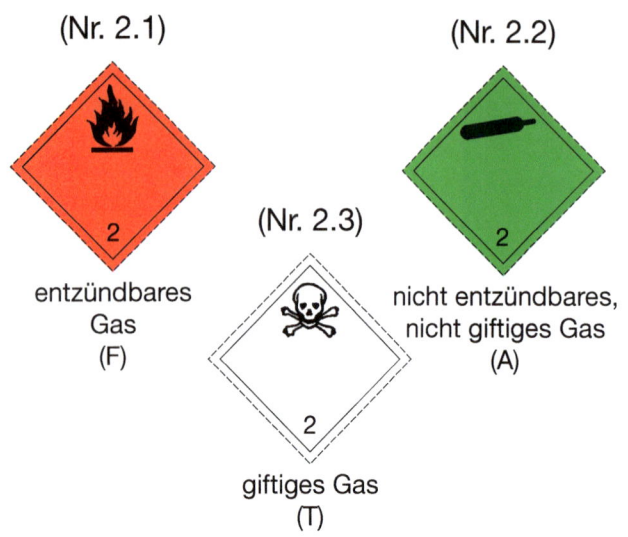

(Nr. 2.1) entzündbares Gas (F)

(Nr. 2.3) giftiges Gas (T)

(Nr. 2.2) nicht entzündbares, nicht giftiges Gas (A)

(Nr. 8)

(Nr. 5.1)

Merke

Gase können viele Gefahreneigenschaften haben

- ✔ Entzündbar – rote Grundfarbe
- ✔ Im Gemisch mit Sauerstoff oder Luft explosionsgefährlich
- ✔ Brandfördernd
- ✔ Giftig – Totenkopf

- ✔ Ätzend
- ✔ Reizend
- ✔ Extreme Kälte
- ✔ **Erstickend** – grüne Grundfarbe

Diese Eigenschaften sind z.T. aus den der Ziffer zugehörigen Buchstabenkombinationen (sog. Klassifizierungscode) zu ersehen. So bedeutet z.B.:

		Beispiele:
A	= **e**rstickend	Stickstoff
O	= **o**xidierend	Sauerstoff
F	= entzündbar	Propan
T	= giftig	Methylbromid
TF	= giftig, entzündbar	Stadtgas
TC	= giftig, ätzend	Ammoniak
TO	= giftig, oxidierend	Perchlorylfluorid
TFC	= giftig, entzündbar, ätzend	Dichlorsilan
TOC	= giftig, oxidierend, ätzend	Chlor

Hinweis: In der Klasse 2 wird nicht nach Verpackungsgruppen unterschieden. Zur Klasse 2 gehören auch „Chemikalien unter Druck" (UN 3500 bis 3505).

Zu der Klasse 2 gehören auch adsorbierte Gase. Diese Gase sind für die Beförderung an einer porösen Oberfläche angereichert und entsprechend verpackt (UN 3510 bis 3526). In die Klasse 2 gehören mit der Geltung des ADR 2019 auch

– Gegenstände, die entzündbares Gas enthalten, N.A.G. (UN 3537)

– Gegenstände, die nicht entzündbares, nicht giftiges Gas enthalten, N.A.G. (UN 3538)

– Gegenstände, die giftiges Gas enthalten, N.A.G. (UN 3539).

Merke

✔ Die erstickende Wirkung ist vornehmlich in der Klasse 2 anzutreffen.

2.8.3 Klasse 3 – Entzündbare flüssige Stoffe

Gefahrzettel	mögliche Nebengefahren		GHS-Piktogramm
(Nr. 3)	(Nr. 6.1)	(Nr. 8)	

entzündbarer flüssiger Stoff			

Merke

Explosionsgefahr bei Verdampfung

✔ Entzündbar
✔ Brennbar
✔ Explosiv
✔ Ätzend
✔ Giftig

✔ Wassergefährdend/Umweltgefähr-
 dend
✔ Heiß (erwärmt)*)

Entzündbare flüssige Stoffe werden aufgrund ihres Gefahrengrades unterteilt in folgende Verpackungsgruppen:

I = Stoffe mit hoher Gefahr = hochentzündlich
II = Stoffe mit mittlerer Gefahr = leichtentzündlich
III = Stoffe mit geringer Gefahr = entzündlich

Beispiele:

Benzin; Heizöl, leicht; Alkohole; Druckfarben; Klebstoffe; auch Gegenstände, die entzündbare flüssige Stoffe enthalten

---

Merke

✔ Rote Grundfarbe = Feuer, Flamme

---

*) Bestimmte erwärmte flüssige Stoffe sind Stoffe der Klasse 9 (UN 3257).

Erläuterungen zu entzündbaren Flüssigkeiten

Drei Voraussetzungen zum Feuer:

Die drei Komponenten müssen im richtigen Mengenverhältnis vorliegen.

Darstellung zum Flammpunkt:

Der Flammpunkt kennzeichnet die niedrigste Temperatur (Umgebungstemperatur), bei der eine Flüssigkeit so viel Dampf (Gas) entwickelt, dass die Dämpfe durch eine offene Zündquelle (z.B. Flamme, Funken) entzündet werden.

Darstellung zum Siedepunkt:

Die Temperatur, bei der eine Flüssigkeit in den gasförmigen Zustand übergeht.

Merke

✔ Beispiel zur Verdeutlichung:

Flammpunkt eines Stoffes: 23 °C, **Umgebungstemperatur**: 23 °C und höher → Der Stoff entwickelt Dämpfe, die durch eine Zündquelle gezündet werden können!

Darstellung zum Zündpunkt:

Ein zündwilliges Gas-Luft- (oder Staub-Luft-) Gemisch wird durch eine **heiße Zündquelle** (z.B. Auspuff) zur Entzündung gebracht.

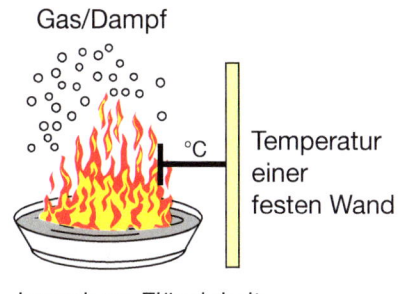

Elektrostatische Aufladung

Durch elektrostatische Aufladung (z.B. durch Reibung) können Funken entstehen, die zur Entzündung von Stäuben oder brennbaren Flüssigkeiten führen können.

Flammpunkte*) einiger gefährlicher Güter

Stoff	Flammpunkt	Verwendung
Leichtbenzin	– 45 °C	für chirurgische und feinmechanische Zwecke
Aceton	– 20 °C	Lösungsmittel
Cyclohexan	– 18 °C	Extraktionsmittel für Öle und Fette
Benzen, rein	– 11 °C	
Waschbenzin	0 °C	für chemische Reinigung
Toluen, rein	+ 6 °C	
Methanol	+ 9 °C	Beimischung zu Rennsport-Kraftstoffen
Ethanol	+ 12 °C	Spiritus, Schnaps
Isopropanol	+ 12 °C	Reinigungsmittelzusatz
Kerosin	> 38 bis + 55 °C	Düsenkraftstoff
Heizöl, leicht/Diesel-kraftstoff	+ 55 bis + 75 °C	
Erwärmte Stoffe: Bitumen	120 bis 180 °C	Straßenbau

Dampfdruck

Der Dampfdruck ist ein stoff- und temperaturabhängiger Gasdruck.

Anschaulich gesprochen ist der Dampfdruck der Umgebungsdruck, unterhalb dessen eine Flüssigkeit beginnt, bei konstanter Temperatur in den gasförmigen Zustand überzugehen.

Merke

✔ Je niedriger der Flammpunkt, desto gefährlicher der Stoff.
✔ Je mehr Gas über dem Flüssigkeitsspiegel, desto größer der Dampfdruck und damit die Gefahr.
✔ Bestimmte dickflüssige (viskose) Stoffe (z.B. Farbstoffe, Lacke) unterliegen bei entsprechender Zähflüssigkeit (Viskosität) entweder erleichterten Bedingungen oder nicht den Vorschriften des ADR bei Verpackungsgrößen bis zu maximal 450 L.
✔ Auch über den Flammpunkt erwärmte Stoffe sind Gefahrgüter.
✔ Beim Beladen/Befüllen Gefahr der elektrostatischen Aufladung durch zu hohe Fließgeschwindigkeiten oder durch unkontrolliertes Einfüllen.

---

*) *Quelle: GESTIS-Stoffdatenbank*

2.8.41 **Klasse 4.1 – Entzündbare feste Stoffe, selbstzersetzliche Stoffe, polymerisierende Stoffe und desensibilisierte explosive feste Stoffe**

Gefahrzettel	mögliche Nebengefahren	GHS-Piktogramm

(Nr. 4.1)	(Nr. 6.1)	(Nr. 1)	(Nr. 8)	

entzündbare feste Stoffe, selbstzersetzliche Stoffe, polymerisierende Stoffe und desensibilisierte explosive feste Stoffe				

Merke

✔ Bei Feuer können giftige Gase entstehen
✔ Leicht entzündbar durch Funken, Feuer, heiße Gegenstände (Auspuff)
✔ Können in trockenem Zustand zusätzlich explosiv wirken
✔ Stäube können explodieren

Entzündbare feste Stoffe werden aufgrund ihres Gefahrengrades unterteilt in folgende Verpackungsgruppen:

II = Stoffe mit mittleren Gefahren   **III** = Stoffe mit geringen Gefahren

Selbstzersetzliche Stoffe sind keiner Verpackungsgruppe zugeordnet, **polymerisierende Stoffe** der Verpackungsgruppe III.

Beispiele:

a) selbstzersetzliche Stoffe: 4-Nitrosophenol (Verwendung als Vulkanisationsbeschleuniger, Zwischenprodukt bei der Herstellung von Schwefel-Farbstoffen)
Hinweis: Selbstzersetzliche Stoffe mit Temperatur der selbstbeschleunigenden Zersetzung (SADT) von höchstens 55 °C müssen unter Temperaturkontrolle befördert werden.

b) entzündbare feste Stoffe: Aluminiumpulver, Zelluloid, Schwefel, Kautschuk (Im Abfallbereich ist UN 3175 Feste Stoffe, die entzündbare flüssige Stoffe enthalten, n.a.g., die häufig verwendete UN-Nummer für ölverschmierte Betriebsmittel – Putzlappen, Filter usw.)

c) desensibilisierte explosive
   feste Stoffe: Nitrocellulose

d) polymerisierende Stoffe: Divinylbenzen, p-tertiär-Butylstyren (z.B. Verwendung bei der Herstellung von langkettigen Styrolverbindungen); diese Stoffe reagieren mit sich selbst, wenn die eingesetzten Stabilisatoren nicht wirken.

2.8.42 Klasse 4.2 – Selbstentzündliche Stoffe

Gefahrzettel	mögliche Nebengefahren			GHS-Piktogramm
(Nr. 4.2)	(Nr. 4.3)	(Nr. 6.1)	(Nr. 8)	
 selbstentzündliche Stoffe	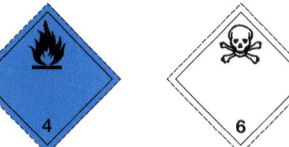			

Merke

Neigung zur Selbstentzündung bei Berührung mit Wasser oder feuchter Luft bei einigen Stoffen

✔ Selbstentzündung ohne Flammeneinwirkung durch Kontakt mit Sauerstoff

✔ Selbsterhitzung: Reaktion mit Sauerstoff erzeugt Wärme, was zur Verbrennung führt

✔ Teilweise heftige Reaktion mit Wasser

✔ Teilweise Beförderung unter Wasser-/Lösungsmittelüberdeckung

Aufgrund ihres Gefahrengrades werden Stoffe der Klasse 4.2 unterteilt in folgende Verpackungsgruppen:

I = selbstentzündlich (pyrophor) = Entzündung durch Berührung mit Luft schon in kleinen Mengen innerhalb von 5 Minuten

II = selbsterhitzungsfähig = Entzündung großer Mengen (mehrere kg) durch Berührung mit Luft nach einem längeren Zeitraum (Stunden oder Tage)

III = weniger selbsterhitzungsfähig = Die Stoffe reagieren unter Wärmebildung mit der Luft (Sauerstoff). Die Wärme führt zu einem Anstieg der Temperatur des Stoffes, die nach einer bestimmten Zeit zur Instabilität des Stoffes und damit zur Selbstentzündung und Verbrennung führen kann.

Beispiele: Metallalkyle, Putzlappen und Filter mit lösemittelhaltigen Stoffen (UN 3088), Ölauffangmatten, Phosphor, weiß oder gelb

2.8.43 **Klasse 4.3 – Stoffe, die in Berührung mit Wasser entzündbare Gase entwickeln**

Gefahrzettel	mögliche Nebengefahren		GHS-Piktogramm
(Nr. 4.3)	(Nr. 3)	(Nr. 4.2)	

Stoffe, die in Berührung mit
Wasser entzündbare Gase
entwickeln

(Nr. 6.1)   (Nr. 8)

Merke

Meist heftige Reaktion bei Berührung mit Wasser
- ✔ Entzündbare Gase werden freigesetzt
- ✔ Zündung durch Zündquellen
- ✔ Blau = Wasser

Aufgrund ihres Gefahrengrades sind Stoffe der Klasse 4.3 unterteilt in folgende Verpackungsgruppen:

I	= heftige Reaktion mit Wasser	=	Bildung großer Mengen entzündbarer Gase oder Gase entzünden sich selbst
II	= leichte Reaktion mit Wasser	=	Bildung größerer Mengen entzündbarer Gase
III	= langsame Reaktion mit Wasser	=	Bildung kleiner Mengen entzündbarer Gase

Beispiele:

- Kalium
- Natrium
- Calciumcarbid (Daraus wird das Schweißgas Acetylen hergestellt.)

2.8.51 Klasse 5.1 – Entzündend (oxidierend) wirkende Stoffe

Gefahrzettel	mögliche Nebengefahren	GHS-Piktogramm
(Nr. 5.1)	(Nr. 6.1) (Nr. 8)	

entzündend (oxidierend) wirkende Stoffe		

Merke

Kontakt mit brennbaren Stoffen vermeiden
- ✔ Unterstützen Brände durch Abgabe von Sauerstoff
- ✔ Vermischung mit anderen Stoffen kann zur Entzündung führen
- ✔ Reibung oder Stoß kann Entzündung bewirken
- ✔ Explosionsfähig – Ätzwirkung – Gesundheitsschädlich
- ✔ Chemisch instabile Stoffe sind nicht zur Beförderung zugelassen

Bem.: Diese Klasse umfasst auch Gegenstände, die entzündend (oxidierend) wirkende Stoffe enthalten.

Aufgrund ihres Gefahrengrades werden die Stoffe der Klasse 5.1 einer der folgenden Verpackungsgruppen zugeordnet:

I	= selbstentzündend (oxidierend) wirkend
II	= entzündend (oxidierend) wirkend
III	= schwach entzündend (oxidierend) wirkend

Merke

 xidierend

Beispiele:

– Wasserstoffperoxid (UN 2015), Calciumhypochlorit (UN 1748), Natriumnitrat (UN 1498), Chromsäure, Lösung (UN 1755), Ammoniumnitrathaltige Düngemittel (unterliegen dem SprengG)

2.8.52 Klasse 5.2 – Organische Peroxide

Gefahrzettel	**mögliche Nebengefahren**		**GHS-Piktogramme**
(Nr. 5.2)	(Nr. 1)	(Nr. 8)	

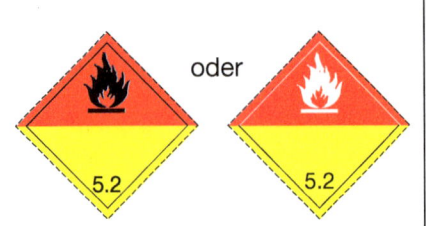
oder

organische Peroxide

Merke

Bei Zersetzung Bildung von entzündlichen und schädlichen Gasen sowie Wärme

✔ Kontakt mit Augen vermeiden → Gefahr von ernsten Hornhautschäden oder Verätzungen der Haut
✔ Peroxide sind meist brennbar (Vorsicht mit Feuer) und haben eine hohe Verbrennungsgeschwindigkeit
✔ Bestimmte organische Peroxide gekühlt befördern
✔ Gefahrzettel:
gelb = brandfördernd
rot = entzündbar

In der Klasse 5.2 wird nicht nach Verpackungsgruppen unterschieden.

Organische Peroxide werden aufgrund ihres Gefahrengrades in **7 Typen** (Typ A bis Typ G) eingeteilt. Je nach Typ sind bestimmte Höchstmengen in einer Verpackung zugelassen. Typ A ist der gefährlichste Typ, bis Typ G nimmt die Gefährlichkeit ab. Organische Peroxide des Typs A sind wegen ihrer Gefährlichkeit zur Beförderung nicht zugelassen, solche des Typs G sind nicht gefährlich und gelten deshalb nicht als Güter der Klasse 5.2.

Beispiele:

– Peroxyessigsäure
– Dibenzoylperoxid (Zuordnung je nach Konzentration und Aggregatzustand zu UN 3102, UN 3104, UN 3106, UN 3107, UN 3108 oder UN 3109)

2.8.61   Klasse 6.1 – Giftige Stoffe

Gefahrzettel	mögliche Nebengefahren			GHS-Piktogramm
(Nr. 6.1)	(Nr. 3)	(Nr. 4.1)	(Nr. 4.2)	

giftiger Stoff

| | (Nr. 4.3) | (Nr. 5.1) | (Nr. 8) | |

Merke

Giftige Stoffe mit einem Flammpunkt unter 23 °C sind in der Regel Stoffe der Gefahrklasse 3
✔ Giftig – Totenkopf
✔ Gesundheitsschädlich (schwach giftig)
✔ Feuergefährlich
✔ Giftige Gase bei Berührung mit Wasser
✔ Auch nach Verdünnung mit Wasser oft noch gefährlich

Die giftigen Stoffe sind entsprechend ihrem unterschiedlichen Gefahrengrad in folgende Verpackungsgruppen unterteilt:

I   = sehr giftig   = Aufnahme kleinster Mengen
II = giftig   = Aufnahme kleiner Mengen
III = schwach giftig = Aufnahme etwas größerer Mengen

Beispiele:

Cyanwasserstoff (Blausäure), Cadmiumverbindung, Pestizid (Schädlingsbekämpfungsmittel)

2.8.62   **Klasse 6.2 – Ansteckungsgefährliche Stoffe**

Gefahrzettel	**mögliche Nebengefahren**
(Nr. 6.2)	(Nr. 2.2)

ansteckungsgefährlicher Stoff	Gas (nicht entzündbar, nicht giftig) (betrifft ggf. Kühlflüssigkeit)

Merke

✔ Kontakt vermeiden
✔ Sauberkeit ist oberstes Gebot
✔ Ansteckungsgefährlich für Menschen oder Tiere

Stoffe der Klasse 6.2 werden nicht nach Verpackungsgruppen unterschieden.

Beispiele:

– Anatomische Bestandteile mit Krankheitserregern
– Klinischer Abfall, unspezifiziert
– Krankheitserreger wie z.B. Tollwut-Virus, Ebola-Virus
– Infizierte Tiere
– Patientenproben

Zeichen für infektiöse Stoffe

Neu seit ADR 2021:
UN 3549 MEDIZINISCHE ABFÄLLE, KATEGORIE A, GEFÄHRLICH FÜR DEN MEN-
SCHEN, fest oder
UN 3549 MEDIZINISCHE ABFÄLLE, KATEGORIE A, nur GEFÄHRLICH FÜR TIERE, fest

2.8.7 Klasse 7 – Radioaktive Stoffe

Gefahrzettel (Versandstücke)

mögliche Nebengefahren

(Nr. 7A) (Nr. 7B) (Nr. 7C) (Nr. 8)

(Nr. 7E) (Nr. 7D) **Fahrzeuge/ Container** (Nr. 7D)

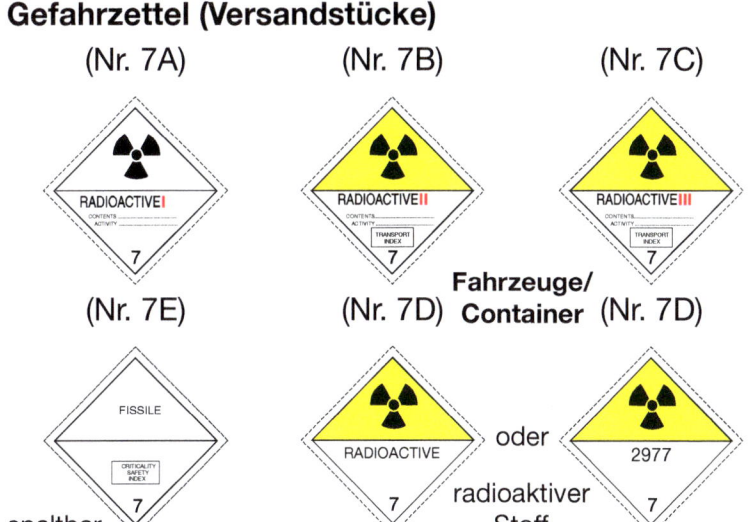

spaltbar

oder

radioaktiver Stoff

Merke

Von radioaktiven Stoffen gehen schädliche Strahlen aus.

✔ Strahlungsgefahr ✔ Neigung zur Kritikalität (Reaktion untereinander)
✔ Wärmeerzeugung

Transportsicherheit durch Versandstück:

Der radioaktive Inhalt („Aktivität") eines Tanks oder Versandstücks ist so zu begrenzen, dass beim Freiwerden (z.B. nach Unfall) praktisch nichts „passiert", **andernfalls** ist die Verwendung einer **unfallsicheren** Verpackung (sog. Typ B-Verpackung oder ggf. im Luftverkehr auch Typ C-Verpackung) erforderlich.
Für weitere Informationen *siehe „Aufbaukurs Klasse 7".*

Hinweis: In der Klasse 7 wird nicht nach Verpackungsgruppen unterschieden.

Beispiele:

UN 3333 RADIOAKTIVE STOFFE, TYP A-VERSANDSTÜCK, in besonderer Form, spaltbar
     (z.B. Messgeräte für die Materialprüfung)

UN 2912 RADIOAKTIVE STOFFE MIT GERINGER SPEZIFISCHER AKTIVITÄT (LSA-I),
     nicht spaltbar oder spaltbar, freigestellt
     (z.B. mit Tritium verunreinigtes Wasser aus der Forschung)

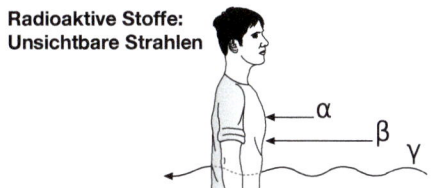

Radioaktive Stoffe:
Unsichtbare Strahlen

α
β
γ

2.8.8   Klasse 8 – Ätzende Stoffe

Gefahrzettel	mögliche Nebengefahren	GHS-Piktogramm

Gefahrzettel

(Nr. 8)

ätzender Stoff

mögliche Nebengefahren

(Nr. 3)   (Nr. 4.1)   (Nr. 4.2)

(Nr. 4.3)   (Nr. 5.1)   (Nr. 6.1)

GHS-Piktogramm

Merke

Ätzende Stoffe mit Flammpunkt unter 23 °C sind i.d.R. Stoffe der Klasse 3.

✔ Ätzend – greifen lebendes Gewebe an!
✔ Feuergefährlich
✔ Angreifen von Materialien
✔ Giftige Gase bei Reaktionen möglich

✔ Heftige Reaktionen untereinander möglich
✔ Auch nach Verdünnung von z.B. Säuren mit Wasser oft noch gefährlich

I = sehr gefährliche Stoffe und Gemische
II = Stoffe und Gemische, die eine mittlere Gefahr darstellen
III = Stoffe und Gemische, die eine geringe Gefahr darstellen

Verätzung

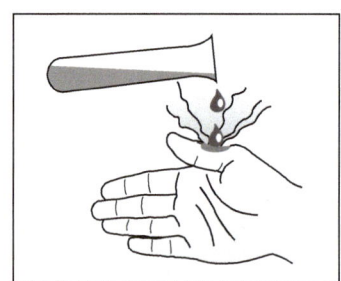

Beispiele:

– Chlorwasserstoffsäure (Salzsäure)
– Salpetersäure
– Schwefelsäure
– Natriumhydroxidlösung (Natronlauge)
– Kaliumhydroxidlösung (Kalilauge)
– Autobatterien
– Quecksilber in hergestellten Gegenständen

Gegenstände, z.B. Autobatterien, haben keine Verpackungsgruppe.

2.8.9   Klasse 9 – Verschiedene gefährliche Stoffe und Gegenstände

Gefahrzettel	mögliche Nebengefahren	GHS-Piktogramm
(Nr. 9)　　(Nr. 9A)	(Nr. 2.2)	

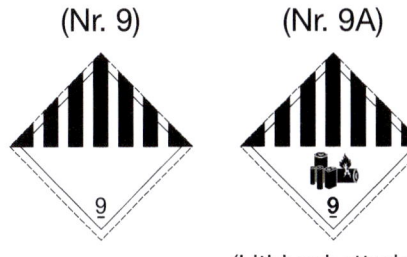

(Lithiumbatterien)

verschiedene gefährliche Stoffe
und Gegenstände

Gas (nicht ent-
zündbar, nicht
giftig)
(betrifft ggf.
Kühlflüssigkeit)

erwärmter
Stoff

umwelt-
gefährdender
Stoff

Merke

✔ Die Klasse 9 ist eine „Auffangklasse" für alle Stoffe und Gegenstände, die nicht den anderen Klassen zugeordnet werden können.

Die meisten Stoffe der Klasse 9 werden entsprechend ihrem Gefahrengrad in 2 Verpackungsgruppen unterteilt:

II = Stoffe mit mittlerer Gefahr　　　　**III** = Stoffe mit geringer Gefahr

Hinweis: In der Klasse 9 werden nicht alle Stoffe/Gegenstände nach Verpackungsgruppen unterschieden. Die Klasse 9 kann die vielfältigsten Gefahren beinhalten.

Beispiele:

– Asbest
– PCB (kann bei Verbrennung Dioxin entwickeln)
– Sicherheitseinrichtungen, elektrische Auslösung (UN 3268, ansonsten Zuordnung zu Klasse 1)
– umweltgefährdender Stoff (UN 3077, UN 3082)*)
– erwärmter Stoff (z.B. verflüssigtes Roheisen, flüssiges Aluminium, Heißbitumen)
– Lithium-Ionen-Batterien, Lithium-Metall-Batterien

UN 3258 Erwärmter fester Stoff. In diesem Fahrzeug werden gerade gegossene, noch rotglühende Stahlbarren befördert.

---

*) Gefahrgüter mit dem GHS-Piktogramm „Baum und Fisch" sind, wenn keine anderen Gefahren vorliegen, den UN-Nummern 3077 und 3082 zuzuordnen.

2.9   **Einwirkung auf Umwelt und Mensch**

2.9.1   **Einwirkung auf die Umwelt**

Freiwerdende Gefahrgüter können die Umwelt beeinträchtigen, d.h. schädliche Einwirkungen auf Luft, Gewässer, Grundwasser, Erdreich sowie Pflanzen und Tiere haben.

Fast alle Mineralölprodukte sind wasserverunreinigend ...

... für das Erdreich und das Grundwasser

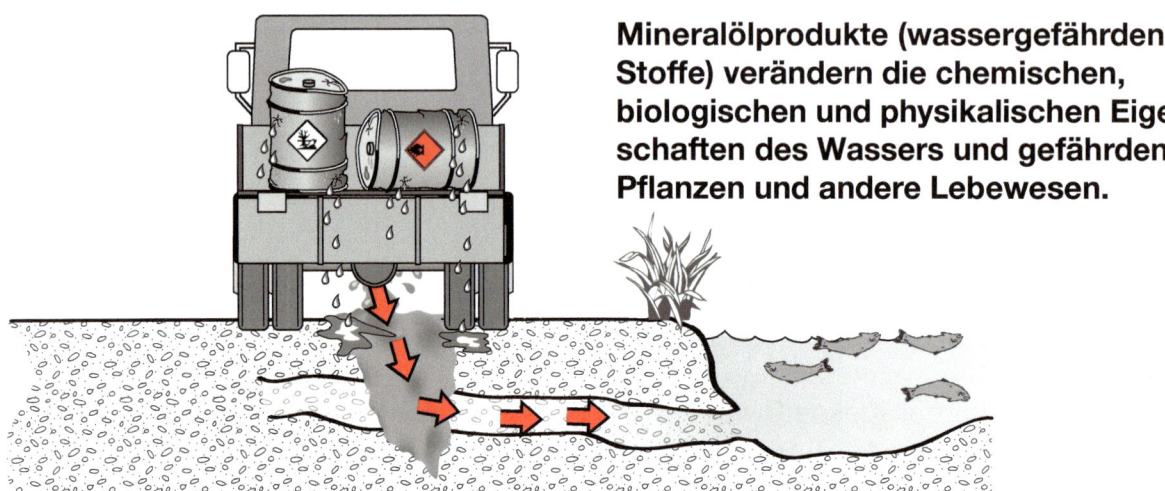

Mineralölprodukte (wassergefährdende Stoffe) verändern die chemischen, biologischen und physikalischen Eigenschaften des Wassers und gefährden Pflanzen und andere Lebewesen.

... für Oberflächengewässer

In wenigen Minuten breitet sich Öl aus.

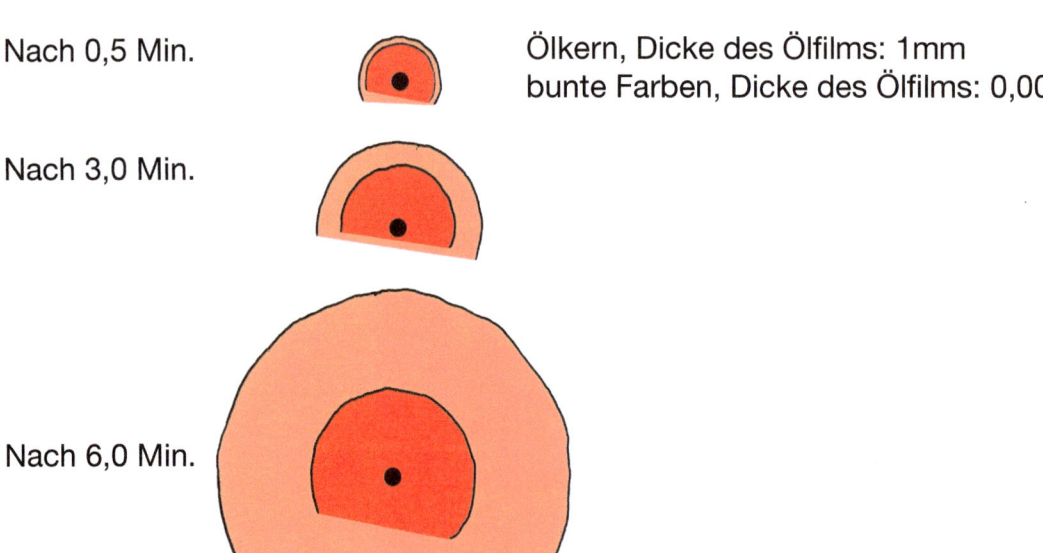

Nach 0,5 Min.

Nach 3,0 Min.

Nach 6,0 Min.

Ölkern, Dicke des Ölfilms: 1mm
bunte Farben, Dicke des Ölfilms: 0,001 mm

Gelangt zum Beispiel Benzin, Dieselkraftstoff oder Heizöl, leicht (d.h. die am häufigsten beförderten Güter) ins Erdreich, so kann selbst bei kleineren Mengen nicht ausgeschlossen werden, dass Teile davon bis ins Grundwasser vordringen und die Trinkwasserversorgung empfindlich stören. Über den Kreislauf des Wassers besteht die Gefahr der großflächigen Verteilung des gefährlichen Gutes oder seiner Bestandteile.

Auch gasförmige Gefahrgüter, Dämpfe, Stäube können durch undicht gewordene Umschließungen oder nach Explosionen und Bränden in die Luft entweichen, zur Schädigung der Ozonschicht beitragen oder über Niederschläge wieder in den Boden gelangen. Die Gefährdungsmöglichkeiten sind sehr vielschichtig.

Um wichtige Gemeingüter wie Boden, Wasser, Luft, aber auch Leben und Gesundheit von Menschen und Tieren vor derartigen Gefahren zu schützen, wurden die Gefahrgutvorschriften erlassen und müssen von allen Beteiligten eingehalten werden.

2.9.2 Kennzeichen für umweltgefährdende Stoffe

Gefährliche Güter, die zusätzlich umweltgefährdend sind, also im Wasser lebende Organismen und das Wasser-Ökosystem gefährden können, müssen mit einem zusätzlichen **Kennzeichen für umweltgefährdende Stoffe** gekennzeichnet werden. Das gilt für alle umweltgefährdenden Stoffe.

Beispiele:

UN 1202 Dieselkraftstoff
UN 1203 Benzin

Diese Kennzeichnung gilt nur für Gefahr**stoffe** und weist auf umweltgefährdende Stoffe hin:

2.9.3   Einwirkung auf den menschlichen Körper

Die Einwirkungen auf den menschlichen Körper durch gefährliche Güter können vielgestaltig sein. Neben Verätzungen, Vergiftungen, Schädigung durch radioaktive Strahlung, Infektion besteht z.B. auch die Gefahr von Verbrennungen.

Verbrennung

Die Einwirkung von tiefgekühlt verflüssigten Gasen, z.B. UN 1977 Stickstoff, tiefgekühlt, verflüssigt, führt zu Erfrierungen. Erfrierungen sind nichts anderes als Verbrennungen. Die Erste-Hilfe-Maßnahme für beide Verletzungen ist Kühlen, danach sollten die Verletzungen einem Arzt vorgestellt werden.

Vergiftungen

Giftige Stoffe verursachen Gesundheitsschäden und Tod

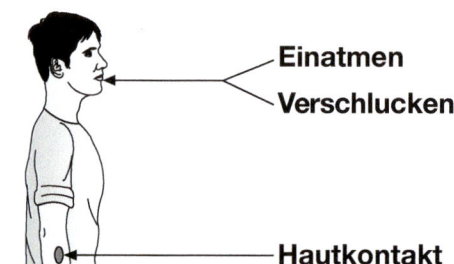

Einatmen

Verschlucken

Hautkontakt

2.10 Fürs Gedächtnis

! Gefahrgüter werden einer der **Klassen 1 bis 9** zugeordnet.

! Die Klassen 1 bis 8 beschreiben konkrete primäre Eigenschaften, die Klasse 9 ist eine „Auffangklasse".

! **Gase** können

- verdichtet
- verflüssigt
- unter Druck gelöst
- adsorbiert

befördert werden.

! Gefahrgüter können in **Geräten** oder Gegenständen (z.B. Feuerzeugen) enthalten sein.

! Je **niedriger** der **Flammpunkt**, desto größer die Gefahr. („Eselsbrücke" **Umgebungstemperatur**: Ist die Umgebungstemperatur gleich oder höher als der Flammpunkt, entstehen entzündbare Dämpfe.)

! **Entzündbare Stoffe** gelten nur als gefährlich, wenn sie einen Flammpunkt bis höchstens 60 °C haben (sofern sie nicht anderweitig gefährliche Eigenschaften aufweisen).
Ausnahmen: Heizöl, leicht, Dieselkraftstoff, Gasöl **und** Stoffe, die über ihren Flammpunkt erwärmt sind

! **Radioaktive Stoffe** strahlen durch die Verpackung hindurch.

! Keine Gefahrgüter ins **Erdreich** laufen lassen. Grundwassergefährdung!

! Vorsicht beim **Mischen von Gefahrgütern** – es kann heftige Reaktionen geben.

! **Zündgefahr** infolge Funkenbildung bei elektrostatischer Aufladung.

! Man unterscheidet Gefahrgüter nach dem **Grad der Gefahr (= Verpackungsgruppen).**

! **Je gefährlicher** das Gut, **desto sicherer** muss die Verpackung sein.

! Gefahrgüter **gefährden**

- Menschen,
- Tiere,
- Umwelt,
- Sachen.

! Auch **Abfälle** können Gefahrgut sein.

! Der **Klassifizierungscode** weist auf die gefährlichen Eigenschaften hin.

2.11 Kontrollfragen

1. **Welche Gefahr geht von einem Stoff UN 1145 Cyclohexan, 3, II aus?**

❏ A   Erstickungsgefahr

❏ B   Brandgefahr bzw. Feuergefahr

❏ C   Giftwirkung

❏ D   Ätzwirkung (2.8.3)

2. **Welcher der nachstehend genannten Stoffe ist ein Stoff der Klasse 5.1?**

❏ A   Ethanol

❏ B   Kohlendioxid

❏ C   Wasserstoffperoxid

❏ D   Stickstoff (2.8.51)

3. **In welcher Klasse sind die giftigen festen Stoffe einzuordnen?**

❏ A   Klasse 3

❏ B   Klasse 6.1

❏ C   Klasse 7

❏ D   Klasse 8 (2.8.61)

4. **Welche Bedeutung hat die Angabe der Gefahrzettel 2.3 (8)?**

❏ A   Stoff, der ätzende Dämpfe abgibt

❏ B   Entzündbare Flüssigkeit mit ätzenden Eigenschaften

❏ C   Giftiges, ätzendes Gas

❏ D   Ätzender Stoff (2.8.2)

5. **Welche Nebengefahr geht von UN 1230 Methanol, 3 (6.1), II aus?**

❏ A   Ansteckungsgefahr

❏ B   Giftwirkung

❏ C   Radioaktivität

❏ D   Erstickungsgefahr (2.8.3)

6. Welche Voraussetzungen müssen gegeben sein, damit ein Stoff entzündet werden kann?

❏ A   Brennbarer Stoff, Stickstoff und Zündquelle

❏ B   Brennbarer Stoff, Zündquelle

❏ C   Zündquelle, Luft

❏ D   Brennbarer Stoff, Luft (Sauerstoff), Zündquelle   (2.8.3)

7. Welcher Klasse des ADR sind verflüssigte Metalle zuzuordnen?

❏ A   Klasse 2

❏ B   Klasse 3

❏ C   Klasse 9

❏ D   Klasse 7   (2.8.9)

8. Es strömt UN 1977 Stickstoff, tiefgekühlt, verflüssigt, 2.2 aus. Welche Gefahr geht von dem austretenden Gas aus?

❏ A   Das Gas erwärmt sich.

❏ B   Die Umgebung kühlt stark ab, es besteht die Gefahr von Erfrierungen.

❏ C   Das Gas explodiert.

❏ D   Die Dampfwolke behindert die Sicht.   (2.8.2)

9. Wie verhalten sich Gase bei Erwärmung in einem geschlossenen Behälter?

❏ A   Der Druck im Behälter steigt.

❏ B   Infolge des Druckanstiegs verflüssigen sich die Gase.

❏ C   Gase werden schwerer.

❏ D   Sie erzeugen einen Unterdruck im Behälter.   (2.8.2)

10. Welcher Klasse nach ADR sind Laugen oder Säuren zuzuordnen?

❏ A   Klasse 9

❏ B   Klasse 8

❏ C   Klasse 5.1

❏ D   Klasse 4.3   (2.8.8)

11. Sie stellen folgende Gefahrzettelmuster auf einem Versandstück fest:

Welche Gefahren gehen von diesem Versandstück aus?

❏ A Giftig, ätzend

❏ B Ätzend, oxidierend wirkend

❏ C Entzündbar, giftig

❏ D Infektiös, ätzend   (2.8.3)

12. Welche Gefahr geht von einem Versandstück aus, das nur mit einem gelben Gefahrzettel versehen ist?

❏ A Das Gut ist leicht brennbar.

❏ B Es könnten gelbe Dämpfe entweichen.

❏ C Explosionsgefahr bei Postbeförderung

❏ D Das Gut kann entzündend wirken und einen Brand fördern.   (2.8.51)

13. Sie befördern UN 1017 Chlor. Auf den Versandstücken befinden sich neben dem Kennzeichen „umweltgefährdender Stoff" folgende Gefahrzettelmuster:

Welche Gefahren gehen von diesen Versandstücken aus?

❏ A Entzündend wirkend, brennbar und ansteckungsgefährlich

❏ B Brennbar, giftig und selbstentzündlich

❏ C Giftig, oxidierend (entzündend) wirkend und ätzend

❏ D Giftig, ätzend und brennbar   (2.8.2)

14. **Welche brennbare Flüssigkeit entwickelt bei einer Temperatur von 5 °C so viele Dämpfe, dass sich über der Flüssigkeit ein zündfähiges Dampf-Luft-Gemisch bilden kann?**

❏ A   UN 1203 Benzin, 3, II, (D/E) mit einem Flammpunkt von 4 °C

❏ B   UN 1202 Dieselkraftstoff, 3, III, (D/E), Sondervorschrift 640L mit einem Flammpunkt von + 60 °C

❏ C   UN 1202 Heizöl, leicht, 3, III, (D/E) mit einem Flammpunkt von + 65 °C

❏ D   UN 1223 Kerosin, 3, III, (D/E) mit einem Flammpunkt von + 45 °C   (2.8.3)

15. **Welche Gefahr geht von Stoffen der Klasse 4.3 aus?**

❏ A   Diese Stoffe sind brennbar.

❏ B   Diese Stoffe entwickeln bei der Berührung mit Stickstoff entzündbare Dämpfe.

❏ C   Diese Stoffe entwickeln bei der Berührung mit Wasser entzündbare Gase.

❏ D   Diese Stoffe sind brennbar und ätzend.   (2.8.43)

16. **Sie befördern einen ätzenden staubförmigen Stoff. Welche Gefahren gehen von diesem Stoff aus?**

❏ A   Es besteht Vergiftungsgefahr.

❏ B   Der Stoff ist oxidierend wirkend.

❏ C   Es besteht keine Gefahr.

❏ D   Ätzender Staub kann besonders an feuchten Körperstellen (z.B. Schleimhäute, Hände) Verätzungen verursachen.   (2.8.8)

17. **Bei einem Produkt-Austritt aus einem Kryo-Behälter kommen Sie mit tiefge-kühlt verflüssigtem Stickstoff in Berührung. Welche Erste-Hilfe-Maßnahme ist zweckmäßig?**

❏ A   Ich muss gar nichts machen, Stickstoff ist nicht gefährlich.

❏ B   Ich wasche die betroffenen Hautflächen mit heißem Wasser ab.

❏ C   Ich lasse sofort den Notarzt rufen (Lebensgefahr).

❏ D   Ich kühle den betroffenen Bereich sofort mit kaltem Wasser und suche dann einen Arzt auf bzw. rufe den Rettungsdienst bei großflächiger Berührung.

(2.9.3)

18. Welche schädliche Wirkung haben wassergefährdende Stoffe, wie z.B. Mineralölprodukte, in Gewässern?

❏ A Mineralölprodukte schwimmen auf der Oberfläche und bilden somit keine Gefahr.

❏ B Sie verändern die biologischen, chemischen und physikalischen Eigenschaften des Wassers. Das Grundwasser wird verunreinigt.

❏ C Eine Gefährdung besteht nur in Wasserschutzgebieten.

❏ D Sie fließen mit der Strömung schnell ab und stellen deshalb keine Gefährdung dar. (2.9)

19. Welche schädliche Wirkung haben Säuren (z.B. Salpetersäure) in Gewässern?

❏ A Sie bilden auch nach Verdünnung durch das Wasser noch gefährliche Mischungen.

❏ B Sie sinken zu Boden und stellen dort keine Gefahr dar.

❏ C Sie entzünden sich bei Berührung mit Wasser.

❏ D Sie werden so stark verdünnt, dass sie keine Gefahr mehr darstellen. (2.8.8)

20. Was versteht man unter dem Begriff der Verpackungsgruppe?

❏ A Den Typ einer Verpackung, z.B. Fass, Kiste,...

❏ B Zuordnung eines Gefahrgutes aufgrund seines Gefahrengrades

❏ C Die Ansammlung bestimmter Verpackungen auf einer Ladefläche

❏ D Ein Team von Verpackungsherstellern (2.4)

21. Die Angabe „Verpackungsgruppe II" bedeutet im Allgemeinen

❏ A Stoffe mit hoher Gefahr

❏ B Stoffe mit mittlerer Gefahr

❏ C Stoffe mit geringer Gefahr

❏ D Stoffe ohne Gefahr (2.4)

22. Welches der nachfolgend gezeigten Gefahrzettelmuster passt zu der Eintragung UN 1057 Feuerzeuge, 2.1?

❏ A   ❏ B   ❏ C   ❏ D

(2.8.2)

23. Wodurch entsteht elektrostatische Aufladung?

❏ A   Wenn Batterien gleichmäßig langsam aufgeladen werden.

❏ B   Wenn der Fahrzeugtank mit der Tankanlage elektrisch leitend verbunden wird (Erdung).

❏ C   Wenn Metall auf Metall geschlagen wird.

❏ D   Wenn elektrisch schlecht leitende Stoffe aneinander reiben (z.B. beim Befüllen von Behältern).

(2.8.3)

24. Welches der nachfolgend gezeigten Gefahrzettelmuster beschreibt ein nicht entzündbares, nicht giftiges Gas?

❏ A   ❏ B   ❏ C   ❏ D

(2.8.2)

25. Sie befördern UN 1361 Kohle, 4.2, II (E). Welches Gefahrzettelmuster müssen Sie auf den Versandstücken feststellen können?

❏ A   ❏ B   ❏ C   ❏ D

(2.8.42)

3 Dokumentation

3.1 Begleitpapiere (8.1.2 ADR)

Unter dem Begriff „Begleitpapiere" werden alle Dokumente, die zur Beförderung gefährlicher Güter vorgeschrieben sind, zusammengefasst. Diese sind vom Fahrzeugführer mitzuführen.

Auf Verlangen sind die Begleitpapiere den für die Überwachung zuständigen Personen auszuhändigen.

Begleitpapiere dienen

- der **Information des Fahrzeugführers**
- der **Information** der für die **Überwachung zuständigen Personen**
- der **Information** der **Unfallhilfsdienste** bei Unfällen
- dem **Nachweis** über bestimmte **Anforderungen**, z.B.
  - Qualifikation/Identität des Fahrzeugführers
  - technische Fahrzeugausstattung
  - durchgeführte Prüfungen.

Der Fahrzeugschein (Zulassungsbescheinigung Teil I nach StVZO) muss zwar auch mitgeführt werden, ist jedoch kein Begleitpapier im Sinne von GGVSEB/ADR.

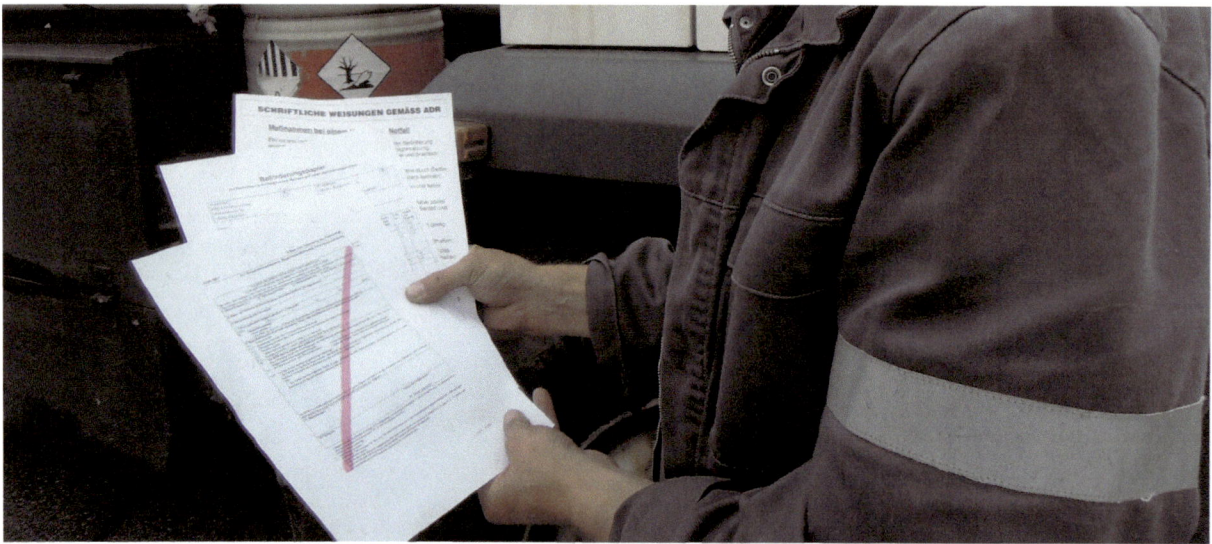

Alle Dokumente, die vom Fahrzeugführer mitzuführen sind, nennt man Begleitpapiere.

Übersicht Begleitpapiere*)
Beförderungspapier (5.4.1.1.1 ADR)
Container-/Fahrzeugpackzertifikat (5.4.2) (für Container, wenn Seebeförderung folgt)
Schriftliche Weisungen (5.4.3)
ADR-Schulungsbescheinigung (8.2.1)
Lichtbildausweis (1.10.1.4)
ADR-Zulassungsbescheinigung (9.1.3.1)
Fahrwegbestimmung (für besonders gefährliche Güter; § 35a GGVSEB) und ggf. weitere Papiere (Bescheinigung des Eisenbahn-Bundesamtes oder der WSD, Beförderungspapier Bahn)
Ausnahme (Einzelausnahme gemäß § 5 GGVSEB)
Kopie der **multilateralen Vereinbarung**, nur soweit vorgeschrieben
Beförderungsgenehmigung Klasse 1 (5.4.1.2.1c)
Beförderungsgenehmigung für bestimmte radioaktive Stoffe (5.1.5.2.2)
Beförderungsgenehmigung für bestimmte Stoffe Klasse 4.1 oder 5.2 (5.4.1.2.3.3)

*) Die Zahlenangaben in den Klammern beziehen sich auf Fundstellen im ADR.

3.2 Beförderungspapier (5.4.1 ADR)

Das Beförderungspapier spielt eine zentrale Rolle bei der Beförderung gefährlicher Güter. Es dient zur **Erkennung** der gefährlichen Ladung. Eine besondere Form ist für das Beförderungspapier nicht vorgeschrieben, jedoch müssen **vorgeschriebene Angaben** gemacht werden.

Bei den meisten Beförderungen werden aus anderen Gründen bereits Papiere mitgeführt (z.B. Frachtbrief, Beförderungsdokument für Seeverkehr (IMO-Erklärung), Lieferschein, Bondruckerkarte, Begleitschein bei Entsorgung von Abfällen). Diese Papiere müssen meist nur um wenige Angaben ergänzt werden, um aus ihnen auch ein Beförderungspapier gemäß ADR zu machen.

Mit den Angaben sollen die am Transport **beteiligten Personen** sowie bei Unfällen die **Unfallhilfsdienste** darüber informiert werden, dass es sich bei der Ladung um Gefahrgut handelt.

Absender und Beförderer müssen Kopien der Beförderungspapiere und zusätzliche Informationen und Dokumentationen mindestens 3 Monate aufbewahren.

Das Beförderungspapier ist in jeder Phase des Transportes aktuell zu halten, d.h., bei **Teilentladungen** sind die Massenangaben zu korrigieren bzw. zu streichen.

Das Beförderungspapier ist auch bei verkehrsbedingten Zwischenaufenthalten bereitzuhalten.

Definition einer „n.a.g."-Eintragung

Diese „**n**icht **a**nderweitig **g**enannt"-Eintragungen sind als Sammelbezeichnung zu verstehen. Hier können Stoffgemische und Gegenstände zugeordnet werden, die

- im Gefahrgut-Verzeichnis nicht namentlich genannt sind und
- chemische, physikalische oder gefährliche Eigenschaften besitzen, die der Klasse, der Benennung, der UN-Nummer der „n.a.g."-Eintragung entsprechen.
- Bei UN 3077 und UN 3082 darf hier auch eine Benennung gewählt werden, die als Benennung in Kapitel 3.2 Tabelle A selbst genannt ist. Beispiel: UN 3082 Umweltgefährdender Stoff, flüssig, n.a.g. (Farbe)

Bei den meisten n.a.g.-Eintragungen müssen Angaben zu den gefahrauslösenden Stoffen (maximal zwei Inhaltsstoffe, die zu der Einstufung führen) gemacht werden.

Gemäß 5.4.0.2 ADR darf das Beförderungspapier in elektronischer Form mitgeführt werden, wenn die entsprechenden EDV-Datensätze auf der Beförderungseinheit bei Bedarf eingesehen und ausgedruckt werden können und die Beförderungseinheit mit einer individuellen Notrufnummer gekennzeichnet ist.

Hinweis auf begrenzte Mengen: Der Beförderer muss vor der Beförderung über die Bruttomasse der begrenzten Mengen nachweisbar informiert werden.

3.2.1 Angaben im Beförderungspapier

Folgende Angaben muss ein Beförderungspapier für jedes Gefahrgut bei der Beförderung enthalten:

Bestandteil des Beförderungspapiers	Beispiel	Bemerkungen	
UN-Nummer	UN 1263	immer	Reihenfolge ist zwingend vorgeschrieben
Benennung/Beschreibung	Farbe	immer	
Gefahrzettelmuster	3	immer; bei mehreren Gefahrzettelmustern die weiteren in Klammern „3 (6.1)"	
Verpackungsgruppe	II	nur bei Stoffen, nicht bei Gegenständen	
Tunnelbeschränkungscode	(D/E)	Pflichtangabe, wenn entsprechende Tunnel durchfahren werden	

Bestandteil des Beförderungspapiers	Beispiel	Bemerkungen
Menge	120 L	Angabe der Menge bei Nutzung der Freistellung 1.1.3.6 ADR: – Flüssigkeiten in Liter (L) – Gegenstände Bruttomasse in kg – Feste Stoffe, verflüssigte Gase, tiefgekühlt verflüssigte Gase und gelöste Gase die Nettomasse in kg – für verdichtete Gase, adsorbierte Gase und Chemikalien unter Druck der mit Wasser ausgeliterte Fassungsraum des Gefäßes in Liter (L) Keine Anwendung der Freistellung 1.1.3.6 ADR: Angabe der Menge als Volumen, Netto- oder Bruttomasse
Name und Anschrift des Absenders	Fa. Mustermann, xy-Straße, 12345 Vorort	
Name und Anschrift des Empfängers	Fa. Empfänger, ZA-Straße, Ort	Besonderheit: bei Lieferung an verschiedene Empfänger: Ersatz durch „Verkauf bei Lieferung"
Nur bei verpackten Gütern (Versandstücken): Angabe der Art und Anzahl der Verpackungen	2 Fässer	

Besonderheiten	Beispiel	Bemerkung
Umweltgefahr	„umweltgefährdend" Beispiel: UN 1263 Farbe, 3, II, (D/E), **umweltgefährdend** UN 3082 Umweltgefährdender Stoff, flüssig, n.a.g. (Epoxidharz), 9, III, (-)	wenn das Kennzeichen vorhanden ist (außer UN 3077 und 3082)
Abfälle	UN 1263 **Abfall** Farbe, 3, II, (D/E)	„Abfall" wird immer zwischen UN-Nummer und Benennung eingesetzt
n.a.g. (nicht anderweitig genannt)	UN 1987 Alkohole, n.a.g. **(Ethanol, Isopropanol)**, 3, III, (D/E)	gefahrauslösende Stoffe müssen in der Regel nach „n.a.g." in Klammern genannt werden

Stoffe, die nicht namentlich im ADR genannt sind, aber gefährliche Eigenschaften aufweisen, können als sog. **„n.a.g.-Position"** befördert werden.

Besonderheiten	Beispiel	Bemerkung
Freistellung 1.1.3.6 (1000-Punkte-Regel)	Je Beförderungskategorie: – Menge in Liter oder Kilogramm – berechneter Wert	Keine Angabe = keine Nutzung

(siehe hierzu auch Kapitel 6.3.3)

Besonderheiten	Beispiel	Bemerkung
Ausnahmen	– falls vorgeschrieben, Ausnahme der GGAV, z.B. „Ausnahme 18" – Multilaterale Vereinbarungen: „Beförderung vereinbart gemäß 1.5.1 ADR (M315)"	
Beförderungen in einer **Transportkette** mit Luft- oder Seeverkehr	„Beförderung nach Absatz 1.1.4.2.1"	ersetzt das sonst vorgeschriebene Beförderungspapier gemäß ADR, hier wird nur das Beförderungsdokument des See- oder Luftverkehrs genutzt
Begrenzte Mengen	Kein Beförderungspapier erforderlich, aber: Hinweis auf Begrenzte Menge und Bruttomasse der so gekennzeichneten Versandstücke	> 8000 kg (8 Tonnen) = Kennzeichnung der Beförderungseinheit erforderlich
Besonderheiten	**Beispiel**	**Bemerkung**
Begaste, nicht belüftete Güterbeförderungseinheiten	„UN 3359 BEGASTE GÜTERBEFÖRDERUNGSEINHEIT (CTU), Klasse 9"	
Fahrzeuge oder Container, die gekühlt oder konditioniert und nicht vollständig belüftet wurden	z.B. „UN 1845 KOHLENDIOXID, FEST, ALS KÜHLMITTEL"	bei Nutzung von Kohlendioxid, fest (Trockeneis)
Bergungsverpackungen Bergungsgroßverpackungen Bergungsdruckgefäße	nach der Beschreibung der Güter „BERGUNGSVERPACKUNG" bzw. „BERGUNGSGROSSVERPACKUNG" bzw. „BERGUNGSDRUCKGEFÄSS" einfügen	

Die Reihenfolge der Angaben zur Beschreibung des Gutes (UN-Nummer, Benennung, Gefahrzettel, ggf. Verpackungsgruppe, Tunnelbeschränkungscode) im Beförderungspapier ist festgelegt. **Beispiele** für zugelassene Beschreibungen gefährlicher Güter sind:

UN 1361 Kohle, 4.2, II, (E)
UN 2014 Wasserstoffperoxid, wässerige Lösung, 5.1 (8), II, (E)
UN 1263 Farbe, 3, VG II, (D/E), umweltgefährdend
UN 2794 Batterien, nass, gefüllt mit Säure, 8, (E)

Hinweis: Besonderheiten der einzelnen Klassen beachten!
Beispielsweise sind bei selbstzersetzlichen Stoffen der Klasse 4.1 und bei organischen Peroxiden der Klasse 5.2 mit Temperaturkontrolle die Kontroll- und Notfalltemperaturen im Beförderungspapier anzugeben. Bei der Beförderung in loser Schüttung, bei Abfällen, Gefahrgütern der Klassen 1 und 7 oder bei der Beförderung in Tanks können zusätzliche Einträge gefordert sein (siehe Kapitel 3.2.1.2 bis 3.2.1.4).

3.2.1.1 Sondervorschriften für ungereinigte leere Umschließungsmittel

a) Verpackungen

Leere Umschließung	Beispiel	Bemerkung
Ungereinigte leere Verpackungen außer Klasse 7, die Rückstände gefährlicher Güter enthalten	UN 1263 Farbe, 3, II, (D/E), **LEER, UNGEREINIGT**	Zusatz nach den vorgeschriebenen Eintragungen im Beförderungspapier
	UN 1263 Farbe, 3, II, (D/E), **RÜCKSTÄNDE DES ZULETZT ENTHALTENEN STOFFES**	
	LEERE VERPACKUNG, 8 LEERES GEFÄSS, 2 LEERES GROSSPACKMITTEL (IBC), 3 LEERE GROSSVERPACKUNG, 4.1	Nennung der leeren Verpackung bzw. des Großpackmittels bzw. der Großverpackung und zusätzlich das/die angebrachten Gefahrzettelmuster
Besonderheit		
Mehrere ungereinigte Verpackungen mit unterschiedlichen Gefahrzettelmustern	„LEERE VERPACKUNGEN MIT RÜCKSTÄNDEN VON 3, 6.1, 8."	Aufzählung der tatsächlich vorhandenen Gefahrzettelmuster in aufsteigender Zahlenfolge (2 bis 9)

b) Tanks, Fahrzeuge, Container

Für ungereinigte leere **Umschließungsmittel** und ungereinigte leere Gefäße für Gase > 1000 L (nicht Verpackungen und nicht Klasse 7) heißt es z.B. „LEERER ORTSBEWEGLICHER TANK" *oder* „LEERER TANKCONTAINER" *oder* „LEERER CONTAINER" *oder* „LEERES GEFÄSS", ergänzt durch den Ausdruck „LETZTES LADEGUT". Danach folgen die üblichen Angaben UN-Nummer, Benennung, Gefahrzettelmuster, Verpackungsgruppe, Tunnelbeschränkungscode und ggf. „UMWELTGEFÄHRDEND".

Beispiel:
„LEERER CONTAINER, LETZTES LADEGUT: UN 1338 PHOSPHOR, AMORPH, 4.1, VG III, (E), UMWELTGEFÄHRDEND"

3.2.1.2 Beförderung von Großpackmitteln (IBC) mit einem Fassungsraum bis 3000 Liter nach Ablauf der Frist für die wiederkehrende Prüfung

Werden Großpackmittel (IBC) nach Ablauf ihrer Prüffrist befördert, muss im Beförderungspapier ein zusätzlicher Eintrag erfolgen, der auf diese Regelung verweist: „BEFÖRDERUNG NACH UNTERABSCHNITT 4.1.2.2 b)"

3.2.1.3 Gefährliche Abfälle

Bei Anwendung der Klassifizierungsvorschrift für Abfälle ist die offizielle Benennung folgendermaßen zu ergänzen: „ABFALL NACH ABSATZ 2.1.3.5.5".

3.2.1.4 Altverpackungen, leer, ungereinigt (UN 3509)

Verpackungen, Großverpackungen oder Großpackmittel (IBC) oder Teile davon, die gefährliche Güter enthalten haben, können mit folgender Eintragung zur Entsorgung, zum Recycling oder zur Wiederverwertung der Rohstoffe befördert werden:

„UN 3509 ALTVERPACKUNGEN, LEER, UNGEREINIGT"

Die Verpackungen dürfen nur Rückstände der Gefahrklassen 3, 4.1, 5.1, 6.1, 8 oder 9 enthalten. Einige Stoffe der Klassen 3, 4.1, 5.1, 6.1, 8 und 9, Stoffe der Verpackungsgruppe I und andere sind von der Anwendung der UN 3509 jedoch ausgeschlossen.

Die Verpackungen, Großpackmittel (IBC) und Großverpackungen müssen soweit entleert sein, dass nur Reste der gefährlichen Güter an den Verpackungsteilen anhaften. Sichtbare Pfützen oder Restmengen sind nicht erlaubt.

Die Beschaffenheit der Verpackungen oder Schüttgut-Container bzw. Großcontainer, die leere ungereinigte Altverpackungen der UN 3509 enthalten, muss wie folgt sein:

a) flüssigkeitsdicht oder
b) flüssigkeitsdichte, durchstoßfeste und dicht verschlossene Auskleidung oder
c) flüssigkeitsdichter, durchstoßfester und dicht verschlossener Sack.

Wenn flüssige Rückstände vorhanden sind, müssen starre Verpackungen mit saugfähigem Material ausgerüstet sein. Es darf sich keine freie Flüssigkeit in den Verpackungen für die leeren, ungereinigten Altverpackungen der UN 3509 befinden.

Leere, ungereinigte Altverpackungen, die Gefahrgüter der Klasse 5.1 enthalten haben, dürfen nicht mit leeren ungereinigten Altverpackungen der anderen Klassen zusammen als lose Schüttung befördert werden oder mit Holz oder anderen brennbaren Materialien in Schüttgut-Containern oder Verpackungen in Berührung kommen.
Die Anwendung der UN 3509 setzt entsprechende Dokumentationen am Verladeort voraus. Im Beförderungspapier lautet die Angabe:

„UN 3509 ALTVERPACKUNGEN, LEER, UNGEREINIGT
(mit Rückständen von [Angabe der Gefahrzettelmuster]), 9"

3.2.1.5 Angabe des Tunnelbeschränkungscodes

Die Angabe des Tunnelbeschränkungscodes ist nur dann erforderlich, wenn entsprechende Tunnel mit Durchfahrtbeschränkungen vorhanden sind (siehe Tabelle „Angaben im Beförderungspapier" unter 3.2.1 auf Seite 62 in Spalte Bemerkungen). Bei einigen Gefahrgütern (UN 2814, 2900 (nur ein Eintrag), 2919, 3077, 3082, 3166, 3171, 3291, 3331, 3359, 3373, 3536, 3549) wird als Tunnelbeschränkungscode „(-)" angegeben. Diese Angabe sagt aus, dass diese UN-Nummern keinen Tunnelbeschränkungscode zugewiesen bekommen haben. Dieser in Klammern gesetzte Strich muss im Beförderungspapier aufgeführt werden. Damit erhalten die Fahrzeugführer die Kenntnis, dass die Durchfahrt durch Tunnel mit Einschränkungen in kennzeichnungspflichtigen Mengen gestattet ist. Bei den UN-Nummern UN 2919 und UN 3331 können einzelne Staaten Beschränkungen zu der Durchfahrt durch Tunnel über die entsprechenden Sondervereinbarungen für radioaktive Stoffe veröffentlichen.

3.2.2 Erleichterungen

1. Wenn ein Teil der Beförderungsstrecke mit einem Seeschiff oder Flugzeug erfolgt, dürfen bestimmte Angaben im Beförderungspapier durch die im See- oder Luftverkehr vorgeschriebenen Inhalte ersetzt werden. Hier müssen Angaben, die im ADR vorgeschrieben sind, zusätzlich eingetragen werden (z.B. der Tunnelbeschränkungscode, Freistellung gemäß 1.1.3.6.3). Hinweis auf den nachfolgenden See-/Luftverkehr mit der Formulierung „BEFÖRDERUNG NACH ABSATZ 1.1.4.2.1"

2. Bei **Rücksendung** ungereinigter, leerer Umschließungsmittel an den Absender kann die vorherige Mengenangabe im Beförderungspapier für die Hinsendung durch „LEERE, UNGEREINIGTE RÜCKSENDUNG" ersetzt werden.

3. Werden gefährliche Güter in **freigestellten Mengen** transportiert, so ist in einem Begleitdokument lediglich der Vermerk „GEFÄHRLICHE GÜTER IN FREIGESTELLTEN MENGEN" und die Anzahl der Versandstücke erforderlich, bei kleinsten Mengen nach 3.5.1.4 ADR kein Vermerk.

4. Bei Beförderung **in begrenzten Mengen verpackter** gefährlicher Güter muss (vorzugsweise in den Lieferpapieren) vom Absender ein Hinweis auf die Bruttomasse des Gefahrguts in begrenzten Mengen gegeben werden, z.B. „Begrenzte Menge Kap. 3.4, 134 kg brutto".

5. **Ausnahme 18 GGAV** (Einzelheiten siehe dort)
   (Hinweis: Die Ausnahme 18 ist bis zum 30.6.2027 befristet.)

3.2.3 Muster für Sammelladungen

Absender:	Empfänger:
ABC-Chemievertrieb	HELO – Kunststoffwerke
Musterstraße 33	Münsterstraße 4
33699 Bielefeld	32758 Schloß Holte-Stukenbrock

Datum: _____

Fahrzeugführer: _____   Kfz-Kennzeichen: _____

Beförderungspapier nach Abschnitt 5.4.1 ADR

An-zahl	Art der Versand-stücke	UN-Nr., Bezeichnung des Gefahrgutes	Einzel-menge (Netto)	Gesamt-menge (Netto)	Fak-tor	Ergeb-nis Punkte
1	Stahlfass	UN 1987 Alkohole, n.a.g. (2-Propanol, Ethanol), 3, II, (D/E)	60 l	60 l	3	180
1	Fass	UN 1764 Dichloressigsäure, 8, VG II, (E), umweltgefährdend	60 l	60 l	3	180
4	Feinstblech-verpackungen auf 1 FP	UN 1263 Farbe, 3, II, (D/E)	10 l	40 l	3	120
5	Flaschen	UN 2036 Xenon, 2.2 (C/E)	10 l	50 l	1	50
2	Kisten	Lebensmittel, UN 1845 Kohlendioxid, fest, als Kühlmittel				
1	IBC	UN 3509 Altverpackungen, leer, ungereinigt (mit Rückständen von 3, 8, 9), 9 (E)	400 kg	400 kg		
1	Kiste	UN 3480 LITHIUM-IONEN-BATTERIEN, 9, (E)	136 kg	136 kg	3	408
6	IBC (Groß-packmittel)	LEERES GROSSPACKMITTEL (IBC) 6.1 (3), umweltgefährdend				
2	Fässer	LEERE Verpackung, 3				
2	Kanister	LEER, UNGEREINIGT, UN 1098 ALLYLALKOHOL, 6.1 (3), I (C/D), umweltgefährdend				
3	Fässer	RÜCKSTÄNDE DES ZULETZT ENTHALTENEN STOFFES, UN 1098 ALLYLALKOHOL, 6.1 (3), I, (C/D), umweltgefährdend				
1	Flasche	RÜCKSTÄNDE DES ZULETZT ENTHALTENEN STOFFES, UN 1098 ALLYLALKOHOL, 6.1 (3), I, (C/D), umweltgefährdend				
10	Fässer	LEERE VERPACKUNGEN MIT RÜCKSTÄNDEN VON 3, 6.1, 8				

938 *)

Gefahrgut je Beförderungskategorie:

Beförderungskategorie 0 =   Liter / kg

Beförderungskategorie 1 =   Liter / kg

Beförderungskategorie 2 =   296 Liter / kg; 888 Punkte

Beförderungskategorie 3 =   50 Liter / kg; 50 Punkte

*) Die Summe der Punkte ist ≤ 1000, somit kann von der Befreiung nach 1.1.3.6 ADR Gebrauch gemacht werden.

3.2.4 Beispiel für ein Beförderungspapier (gemäß ADR)

Absender:	**Empfänger:**
Gefahrgutlogistik *Petra Holzhäuser* *Grubenstr. 8* *65624 Altendiez*	*Fritz Müller* *Birkenallee 12/2* *71083 Herrenberg*

Versandort: (z. B. Ladestelle)	**Bestimmungsort:**
Altendiez, Lager	*Baustelle Caesarweg 8* *70333 Rottenburg*

Anz./Art der Verpackung	**Bezeichnung des Gutes** UN-Nummer und Benennung des Stoffes, Nr. Gefahrzettelmuster, ggf. Verpackungsgruppe, Tunnelbeschränkungscode	**Masse (kg) Brutto/ Netto, Volumen (l)**
6 Fässer	*UN 1300 Terpentinölersatz, 3, VG II, (D/E), umweltgefährdend*	*300 l*

Vermerke:
☐ BEFÖRDERUNG NACH ABSATZ 1.1.4.2.1
☐ AUSNAHME ...

Besondere Vermerke:

Altendiez, 10.6.2020	*Julius Caesar*
Ort/Datum	Unterschrift

Anmerkung: Hier ist keine Möglichkeit der Freistellung nach 1.1.3.6 ADR gegeben, weil hier die vorgeschriebenen Angaben der Freistellung nach 1.1.3.6 ADR fehlen.

3.2.5 Beförderungspapier in Form eines Abfallbegleitscheins

Begleitschein

Beleg zum Nachweis der Entsorgung von Abfällen

Nr. 12476637051152 6

Abfallbezeichnung

andere Abfälle

Abfallschlüssel	Entsorgungsnachweis-Nummer	Menge (t)	Volumen (m^3)
110302	ENR5GSD02018 7	15 t	

Erzeugernummer	Beförderernummer	Entsorgernummer
E123450 0	F777777 3	R00B11112 3

Datum der Übergabe	Datum der Übernahme	Datum der Annahme
25.05.2020	25.05.2020	verweigert ☐

KFZ-Kennzeichen

Zugmaschine   Anhänger/Auflieger

Firmenname, Anschrift

H. Dreckspatz Auf dem Aufräumplatz 007 12345 Montescherbelino	Kanal-Klar Güllispülweg 4711 54321 Klarbach	HIM Am Losewerk 9 34123 Kassel

Unterschrift (als Versicherung der richtigen Deklaration)

Uta Sabath am 08.05.2020 um 06:27:44

Unterschrift (als Versicherung der ordnungsgemäßen Beförderung)

Unterschrift (als Versicherung der Annahme zur ordnungsgemäßen Entsorgung)

Frei für Vermerke

UN 1487 Abfall KALIUMNITRAT UND NATRIUMNITRIT, MISCHUNG, 5.1, II, (E), umweltgefährdend

46 Fässer aus Stahl - Umverpackung 23 Europaletten

DocID: 108960a0-9810-4cd4-b654-b44fb2a3e3aa   Seite 1 von 1

3.2.6 Container-/Fahrzeugpackzertifikat (5.4.2 ADR)

Wenn einer Beförderung gefährlicher Güter in Containern im Straßenverkehr eine **Seebeförderung** folgt, ist dem Beförderungspapier ein Container-/Fahrzeugpackzertifikat nach den seerechtlichen Bestimmungen für Gefahrgutbeförderungen in Papierform beizugeben. Wird ein ganzes Fahrzeug verschifft, so ist für dieses ebenfalls eine entsprechende Erklärung mitzuführen. Sie wird von der verantwortlichen Beladeperson ausgestellt und unterschrieben.

CONTAINER/FAHRZEUG-PACKZERTIFIKAT CONTAINER/VEHICLE PACKING CERTIFICATE			Container-/Fahrzeug-Nr.: Container-/Vehicle-No.:				
ERKLÄRUNG Es wird erklärt, dass das Packen der gefährlichen Güter in die oder auf die Beförderungseinheit gem. den Bestimmungen nach 5.4.2.1 durchgeführt wurde **DECLARATION** It is declared that the packing of the goods into the cargo transport unit has been carried out in accordance with the provisions of 5.4.2.1			Name/Funktion, Unternehmen/Organisation des Unterzeichners Name/status, company/organization of signatory **Uta Sabath, CTU-Code advisor**				
			Ort und Datum Place and date **Bielefeld, 19/10/2020**				
AUSFÜLLEN FÜR SENDUNGEN IN CONTAINERN ODER FAHRZEUGEN TO BE COMPLETED FOR SHIPMENTS IN CONTAINERS OR VEHICLES			Unterschrift für den Packer Signature on behalf of packer				
Schiffsname und Nummer der Reise Ship's name and voyage No.	Ladehafen Port of loading		Frei für Text, Anweisungen und sonstige Angaben Reserved for text, instructions or other matter **Beförderung nach Absatz 1.1.4.2.1** **Beförderungskategorie 2: 300 L / 900 Punkte** **UN 2794: Sondervorschrift 598 ADR**				
Löschhafen – Port of discharge							
UN-Nr. UN-No.	Inhalt (richtiger technischer Name)* Proper Shipping Name (Correct technical name)*	Klasse/Unterklasse nach IMO IMO-Class	Verpackungsgruppe Packing group	Markierung der Versandstücke Falls zutreffend, Identifikations-Nummer oder amtl. Kennzeichen Marks & Nos, if applicable, identification or registration number(s) of the Unit		Anzahl und Verp.-Art No. and kind of packages	
UN 3295	Hydrocarbons, liquid, n.o.s. (Hydrocarbons, C6-C7; n-alkanes, isoalkanes cyclic; < 2% aromatics)	3	II	Address		30 x metal jerricans (each 10l)	
UN 1950	Aerosols	2.1	LTD QTY	Address		2 x cardboard boxes (each 12 metal aerosols x 400 ml)	
UN 2967	Sulphamic acid, solution	8	III LTD QTY	Address		8 x cardboard boxes (each 12 plastic cans x 250 ml)	
UN 2794	Batteries, wet, filled with acid	8		Address		12 fibreboard boxes (each 2 batteries x 6 kg)	

Das Container-/Fahrzeugpackzertifikat kann als Beförderungpapier gemäß ADR verwendet werden, wenn darin die laut ADR geforderten **Zusatzangaben** (z.B. Tunnelbeschränkungscode, Angaben zur Freistellung gem. 1.1.3.6 ADR, „Beförderung nach Absatz 1.1.4.2.1") eingetragen werden. Der Tunnelbeschränkungscode ist nicht erforderlich, wenn bekannt ist, dass kein Tunnel durchfahren werden muss.

Werden getrennte Papiere (Beförderungspapier und Container-/Fahrzeugpackzertifikat) mitgegeben, müssen beide Papiere mitgeführt werden.

3.3 Schriftliche Weisungen (5.4.3 ADR)

Mit den schriftlichen Weisungen wird den Mitgliedern der Fahrzeugbesatzung mitgeteilt, wie sie sich bei Unfällen verhalten müssen.

Die **vierseitigen** schriftlichen Weisungen gelten für alle Klassen und enthalten folgende Angaben:

- Allgemeine Verhaltensregeln für die Mitglieder der Fahrzeugbesatzung, z. B.:
    - Anhalten des Fahrzeugs,
    - Vermeiden von Zündquellen,
    - Alarmierung der Einsatzkräfte,
    - Gebrauch der Warnweste und Absicherung der Unfallstelle,
    - Bereithalten der Begleitpapiere,
    - Verbot der Berührung der ausgelaufenen Güter,
    - Vermeiden des Einatmens oder Inhalierens von Dämpfen, Rauch und Stäuben,
    - Löschen von Entstehungsbränden an Reifen, Bremsen und Fahrzeugteilen,
    - Verbot des Löschens von Ladungsbränden,
    - Aufenthalt nicht in unmittelbarer Umgebung des Unfalls oder Zwischenfalls,
    - wenn möglich, Abdichten von Lecks unter Benutzung der Ausrüstung, um ein Eindringen in Wasser oder das Abwassersystem zu verhindern,
    - Entfernen von kontaminierten Kleidungsstücken, Entsorgung von verwendeter, kontaminierter Ausrüstung,

- Abbildung der Gefahrzettel der einzelnen Klassen und der Kennzeichen
- Gefahreigenschaften der einzelnen Klassen
- klassenbezogene Verhaltensregeln
- Ausrüstung für den persönlichen und allgemeinen Schutz (*siehe Tabelle Seite 109*)

Schriftliche Weisungen müssen in der Sprache der Mitglieder der Fahrzeugbesatzung mitgeführt werden (Achtung, Ausnahmen einzelner ADR-Vertragsstaaten (z.B. Frankreich): diese fordern die Mitführung der schriftlichen Weisungen auch in französischer Sprache). Sie sind vom Beförderer den Mitgliedern der Fahrzeugbesatzung bereitzustellen. Die schriftlichen Weisungen müssen dem **Muster** des **ADR** entsprechen.

Vor Fahrtantritt muss sich jedes Mitglied der Fahrzeugbesatzung über die beförderten gefährlichen Güter informieren, damit es im Falle von Unfällen oder Zwischenfällen die Maßnahmen aus den schriftlichen Weisungen anwenden kann.

Schriftliche Weisungen sind grundsätzlich bei allen Gefahrguttransporten mitzuführen. Ausnahme: Sie müssen nicht mitgeführt werden, wenn nur Mengen unterhalb der höchstzulässigen Mengen der Tabelle 1.1.3.6.3 ADR (*siehe Seite 153*) befördert werden.

Unabhängig von den geltenden Vorschriften wird empfohlen, bei jeder Beförderung gefährlicher Güter schriftliche Weisungen mitzuführen, auch bei Kleinstmengen.

Die Fahrzeugbesatzung kann mithilfe der schriftlichen Weisungen die vorgeschriebene Abfahrtkontrolle – hier die Kontrolle der persönlichen und sonstigen Schutzausrüstung – vornehmen.

Die schriftlichen Weisungen sind im Fahrerhaus an einer leicht zugänglichen Stelle mitzuführen. Dies soll gewährleisten, dass auch Fremde die schriftlichen Weisungen finden können, wenn die Mitglieder der Fahrzeugbesatzung nicht mehr ansprechbar sind.

Im Falle eines Unfalls haben die Mitglieder der Fahrzeugbesatzung die in den schriftlichen Weisungen angegebenen Maßnahmen unter Beachtung des Selbstschutzes zu treffen.

Merke

✔ Schriftliche Weisungen im Fahrerhaus leicht zugänglich aufbewahren
✔ Vor der Beladung/Beförderung lesen

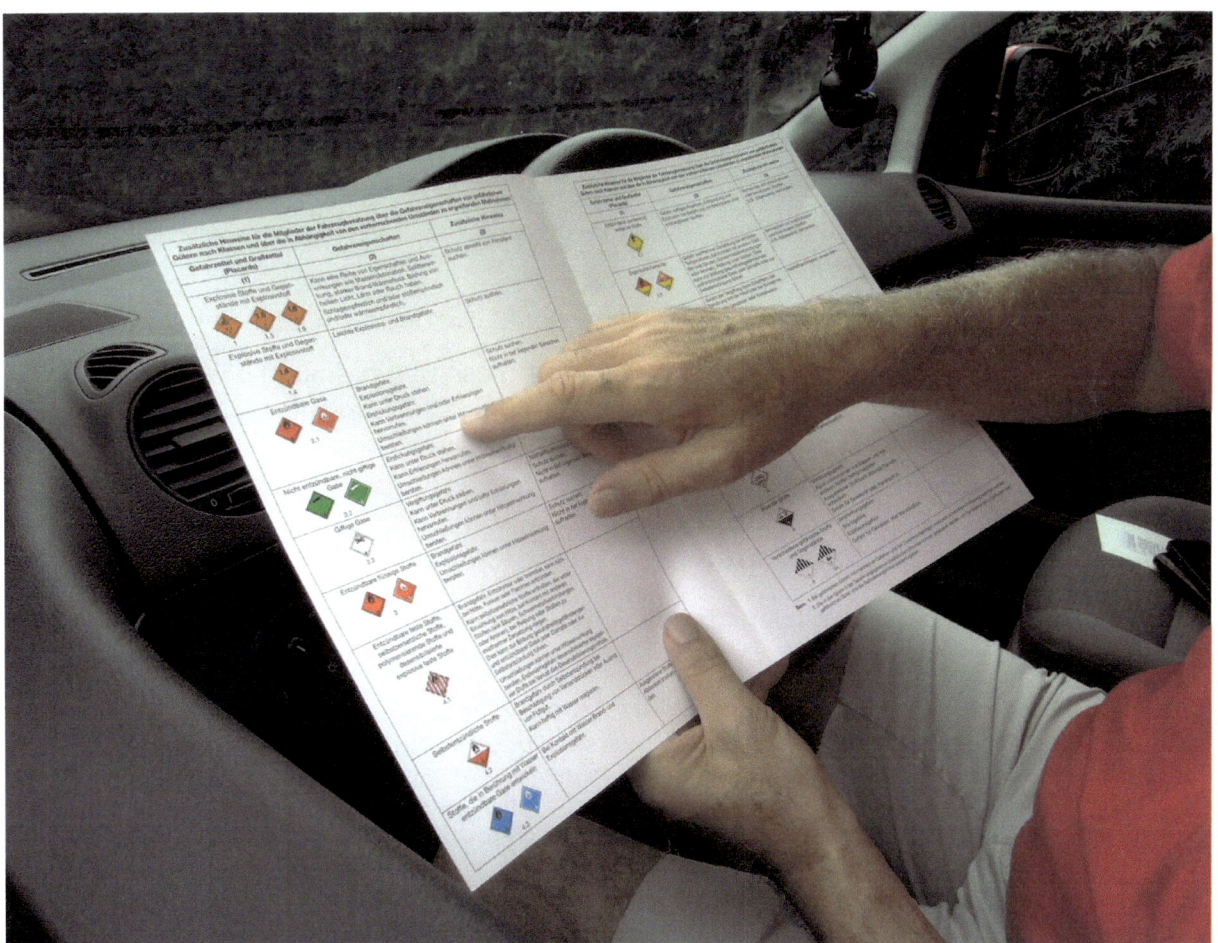

Schriftliche Weisungen vor der Beladung/Beförderung lesen.

Schriftliche Weisungen

SCHRIFTLICHE WEISUNGEN GEMÄSS ADR

Maßnahmen bei einem Unfall oder Notfall

Bei einem Unfall oder Notfall, der sich während der Beförderung ereignen kann, müssen die Mitglieder der Fahrzeugbesatzung folgende Maßnahmen ergreifen, sofern diese sicher und praktisch durchgeführt werden können:

– Bremssystem betätigen, Motor abstellen und Batterie durch Bedienung des gegebenenfalls vorhandenen Hauptschalters trennen;

– Zündquellen vermeiden, insbesondere nicht rauchen oder elektronische Zigaretten oder ähnliche Geräte verwenden und keine elektrische Ausrüstung einschalten;

– die entsprechenden Einsatzkräfte verständigen und dabei soviel Informationen wie möglich über den Unfall oder Zwischenfall und die betroffenen Stoffe liefern;

– Warnweste anlegen und selbststehende Warnzeichen an geeigneter Stelle aufstellen;

– Beförderungspapiere für die Ankunft der Einsatzkräfte bereit halten;

– nicht in ausgelaufene Stoffe treten oder diese berühren und das Einatmen von Dunst, Rauch, Staub und Dämpfen durch Aufhalten auf der dem Wind zugewandten Seite vermeiden;

– sofern dies gefahrlos möglich ist, Feuerlöscher verwenden, um kleine Brände/Entstehungsbrände an Reifen, Bremsen und im Motorraum zu bekämpfen;

– Brände in Ladeabteilen dürfen nicht von Mitgliedern der Fahrzeugbesatzung bekämpft werden;

– sofern dies gefahrlos möglich ist, Bordausrüstung verwenden, um das Eintreten von Stoffen in Gewässer oder in die Kanalisation zu verhindern und um ausgetretene Stoffe einzudämmen;

– sich aus der unmittelbaren Umgebung des Unfalls oder Notfalls entfernen, andere Personen auffordern, sich zu entfernen, und die Weisungen der Einsatzkräfte befolgen;

– kontaminierte Kleidung und gebrauchte kontaminierte Schutzausrüstung ausziehen und sicher entsorgen.

(Seite 2)

Zusätzliche Hinweise für die Mitglieder der Fahrzeugbesatzung über die Gefahreneigenschaften von gefährlichen Gütern nach Klassen und über die in Abhängigkeit von den vorherrschenden Umständen zu ergreifenden Maßnahmen		
Gefahrzettel und Großzettel (Placards)	Gefahreneigenschaften	Zusätzliche Hinweise
(1)	(2)	(3)
Explosive Stoffe und Gegenstände mit Explosivstoff 1 1.5 1.6	Kann eine Reihe von Eigenschaften und Auswirkungen wie Massendetonation, Splitterwirkung, starker Brand/Wärmefluss, Bildung von hellem Licht, Lärm oder Rauch haben. Schlagempfindlich und/oder stoßempfindlich und/oder wärmeempfindlich.	Schutz abseits von Fenstern suchen.
Explosive Stoffe und Gegenstände mit Explosivstoff 1.4	Leichte Explosions- und Brandgefahr.	Schutz suchen.
Entzündbare Gase 2.1	Brandgefahr. Explosionsgefahr. Kann unter Druck stehen. Erstickungsgefahr. Kann Verbrennungen und/oder Erfrierungen hervorrufen. Umschließungen können unter Hitzeeinwirkung bersten.	Schutz suchen. Nicht in tief liegenden Bereichen aufhalten.
Nicht entzündbare, nicht giftige Gase 2.2	Erstickungsgefahr. Kann unter Druck stehen. Kann Erfrierungen hervorrufen. Umschließungen können unter Hitzeeinwirkung bersten.	Schutz suchen. Nicht in tief liegenden Bereichen aufhalten.
Giftige Gase 2.3	Vergiftungsgefahr. Kann unter Druck stehen. Kann Verbrennungen und/oder Erfrierungen hervorrufen. Umschließungen können unter Hitzeeinwirkung bersten.	Notfallfluchtmaske verwenden. Schutz suchen. Nicht in tief liegenden Bereichen aufhalten.
Entzündbare flüssige Stoffe 3	Brandgefahr. Explosionsgefahr. Umschließungen können unter Hitzeeinwirkung bersten.	Schutz suchen. Nicht in tief liegenden Bereichen aufhalten.
Entzündbare feste Stoffe, selbstzersetzliche Stoffe, polymerisierende Stoffe und desensibilisierte explosive feste Stoffe 4.1	Brandgefahr. Entzündbar oder brennbar, kann sich bei Hitze, Funken oder Flammen entzünden. Kann selbstzersetzliche Stoffe enthalten, die unter Einwirkung von Hitze, bei Kontakt mit anderen Stoffen (wie Säuren, Schwermetallverbindungen oder Aminen), bei Reibung oder Stößen zu exothermer Zersetzung neigen. Dies kann zur Bildung gesundheitsgefährdender und entzündbarer Gase oder Dämpfe oder zur Selbstentzündung führen. Umschließungen können unter Hitzeeinwirkung bersten. Explosionsgefahr desensibilisierter explosiver Stoffe bei Verlust des Desensibilisierungsmittels.	
Selbstentzündliche Stoffe 4.2	Brandgefahr durch Selbstentzündung bei Beschädigung von Versandstücken oder Austritt von Füllgut. Kann heftig mit Wasser reagieren.	
Stoffe, die in Berührung mit Wasser entzündbare Gase entwickeln 4.3	Bei Kontakt mit Wasser Brand- und Explosionsgefahr.	Ausgetretene Stoffe sollten durch Abdecken trocken gehalten werden.

(Seite 3)

Zusätzliche Hinweise für die Mitglieder der Fahrzeugbesatzung über die Gefahreneigenschaften von gefährlichen Gütern nach Klassen und über die in Abhängigkeit von den vorherrschenden Umständen zu ergreifenden Maßnahmen		
Gefahrzettel und Großzettel (Placards)	Gefahreneigenschaften	Zusätzliche Hinweise
(1)	(2)	(3)
Entzündend (oxidierend) wirkende Stoffe 5.1	Gefahr heftiger Reaktion, Entzündung und Explosion bei Berührung mit brennbaren oder entzündbaren Stoffen.	Vermischen mit entzündbaren oder brennbaren Stoffen (z.B. Sägespäne) vermeiden.
Organische Peroxide 5.2 5.2	Gefahr exothermer Zersetzung bei erhöhten Temperaturen, bei Kontakt mit anderen Stoffen (wie Säuren, Schwermetallverbindungen oder Aminen), Reibung oder Stößen. Dies kann zur Bildung gesundheitsgefährdender und entzündbarer Gase oder Dämpfe oder zur Selbstentzündung führen.	Vermischen mit entzündbaren oder brennbaren Stoffen (z.B. Sägespäne) vermeiden.
Giftige Stoffe 6.1	Gefahr der Vergiftung beim Einatmen, bei Berührung mit der Haut oder bei Einnahme. Gefahr für Gewässer oder Kanalisation.	Notfallfluchtmaske verwenden.
Ansteckungsgefährliche Stoffe 6.2	Ansteckungsgefahr. Kann bei Menschen oder Tieren schwere Krankheiten hervorrufen. Gefahr für Gewässer oder Kanalisation.	
Radioaktive Stoffe 7A 7B 7C 7D	Gefahr der Aufnahme und der äußeren Bestrahlung.	Expositionszeit beschränken.
Spaltbare Stoffe 7E	Gefahr nuklearer Kettenreaktion.	
Ätzende Stoffe 8	Verätzungsgefahr. Kann untereinander, mit Wasser und mit anderen Stoffen heftig reagieren. Ausgetretener Stoff kann ätzende Dämpfe entwickeln. Gefahr für Gewässer oder Kanalisation.	
Verschiedene gefährliche Stoffe und Gegenstände 9 9A	Verbrennungsgefahr. Brandgefahr. Explosionsgefahr. Gefahr für Gewässer oder Kanalisation.	

Bem. 1. Bei gefährlichen Gütern mit mehrfachen Gefahren und bei Zusammenladungen muss jede anwendbare Eintragung beachtet werden.

2. Die in der Spalte 3 der Tabelle angegebenen zusätzlichen Hinweise können angepasst werden, um die Klassen der zu befördernden gefährlichen Güter und die Beförderungsmittel wiederzugeben.

(Seite 4)

Zusätzliche Hinweise für die Mitglieder der Fahrzeugbesatzung über die Gefahreneigenschaften von gefährlichen Gütern, die durch Kennzeichen angegeben sind, und über die in Abhängigkeit von den vorherrschenden Umständen zu ergreifenden Maßnahmen		
Kennzeichen	Gefahreneigenschaften	Zusätzliche Hinweise
(1)	(2)	(3)
Umweltgefährdende Stoffe	Gefahr für Gewässer oder Kanalisation.	
Erwärmte Stoffe	Gefahr von Verbrennungen durch Hitze.	Berührung heißer Teile der Beförderungseinheit und des ausgetretenen Stoffes vermeiden.

Ausrüstung für den persönlichen und allgemeinen Schutz für die Durchführung allgemeiner und gefahrenspezifischer Notfallmaßnahmen, die sich gemäß Abschnitt 8.1.5 des ADR an Bord der Beförderungseinheit befinden muss

Die folgende Ausrüstung muss sich an Bord der Beförderungseinheit befinden:

– ein Unterlegkeil je Fahrzeug, dessen Abmessungen der höchstzulässigen Gesamtmasse des Fahrzeugs und dem Durchmesser der Räder angepasst sein müssen;

– zwei selbststehende Warnzeichen;

– Augenspülflüssigkeit [a] und

für jedes Mitglied der Fahrzeugbesatzung

– eine Warnweste;

– ein tragbares Beleuchtungsgerät;

– ein Paar Schutzhandschuhe und

– eine Augenschutzausrüstung.

Für bestimmte Klassen vorgeschriebene zusätzliche Ausrüstung:

– an Bord von Beförderungseinheiten für die Gefahrzettel-Nummer 2.3 oder 6.1 muss sich für jedes Mitglied der Fahrzeugbesatzung eine Notfallfluchtmaske befinden;

– eine Schaufel [b];

– eine Kanalabdeckung [b];

– ein Auffangbehälter [b].

_____

[a] Nicht erforderlich für Gefahrzettel der Muster 1, 1.4, 1.5, 1.6, 2.1, 2.2 und 2.3.
[b] Nur für feste und flüssige Stoffe mit Gefahrzettel-Nummer 3, 4.1, 4.3, 8 oder 9 vorgeschrieben.

3.4 Lichtbildausweis (1.10.1.4 ADR)

Jedes Mitglied der Fahrzeugbesatzung muss während der Beförderung einen Lichtbildausweis mit sich führen (Sicherung bzw. „Schwarzarbeitergesetz"). Gefordert ist der Reisepass oder der Personalausweis. In Deutschland sind alternativ auch der Führerschein, die digitale Fahrerkarte oder die ADR-Schulungsbescheinigung erlaubt.

3.5 ADR-Zulassungsbescheinigung (9.1.3.1 ADR)

Mit der ADR-Zulassungsbescheinigung wird dokumentiert, dass das betreffende Beförderungsmittel besondere Eigenschaften hat und welche Güter damit transportiert werden dürfen. Solche besonderen Eigenschaften werden nur von bestimmten **Fahrzeugen mit Tanks** und von bestimmten **Fahrzeugen zum Transport von Explosivstoffen** gefordert.

Der Fahrzeugführer, der Verlader und der Befüller haben die ADR-Zulassungsbescheinigung zu beachten. Für die Besorgung der Bescheinigung ist der Beförderer zuständig.

3.6 Besonders gefährliche Güter (§§ 35 bis 35c GGVSEB)

Je nach Beförderungsauftrag sind u.U. folgende Beförderungspapiere erforderlich:

- Fahrwegbestimmung,
- Bescheinigung, dass Transport auf Schiene und Wasserstraße nicht möglich ist.

Die in § 35b der GGVSEB zusammengestellten Güter sind so gefährlich, dass sie nach § 35 bis 35c der GGVSEB nur unter besonderen Bedingungen auf der Straße befördert werden dürfen.

Im Wesentlichen sind folgende Bedingungen zu beachten:

- Soweit möglich, sollen diese Güter auf Autobahnen transportiert werden.
- Fahrwege außerhalb der Autobahnen werden von der Straßenverkehrsbehörde bestimmt.
- Der Fahrzeugführer **muss den Bescheid über die Fahrwegbestimmung mitführen.** Die Fahrwegbestimmung kann mit **Nebenbestimmungen** versehen sein, die auch vom Fahrzeugführer beachtet werden müssen. Bei Sperrungen dürfen die ausgewiesenen Umleitungsstrecken ohne Fahrwegbestimmung benutzt werden.

✔ In § 35b genannte Güter sind besonders gefährlich,
✔ Sie sind vorrangig im Eisenbahn- oder Binnenschiffsverkehr zu befördern,
✔ EBA-/WSD-Bescheinigung mitführen,
✔ Fahrwegbestimmung mitführen und beachten.

Besonders gefährliche Güter (§ 35b GGVSEB) sind vorrangig im Eisenbahnverkehr zu befördern.

3.7   Ausnahmen

(siehe auch Seite 13)

Ausnahmen (§ 5 GGVSEB), Allgemeine Ausnahmen, multilaterale Vereinbarungen

Auf **Antrag** können **Ausnahmen** von der GGVSEB genehmigt werden. Auf diese Weise können dann z.B. Stoffe, die nach GGVSEB/ADR eigentlich nicht befördert werden dürfen, dennoch befördert werden.

a) Ausnahmen gemäß § 5 GGVSEB

Ausnahmen gemäß § 5 GGVSEB (Einzelausnahmen) dürfen genutzt werden:

- bei innerstaatlichen Beförderungen
- bei grenzüberschreitenden Beförderungen auf der Teilstrecke in der Bundesrepublik, sofern nicht ausdrücklich etwas anderes bestimmt ist.

Ausnahmen werden in der Regel mit **Auflagen** und **Nebenbestimmungen** verbunden. Häufig hat auch der **Fahrzeugführer** Nebenbestimmungen der Ausnahme einzuhalten. Bei der Beförderung muss der Bescheid über die Ausnahme **mitgeführt** werden. Die Nummer der Ausnahme muss im Beförderungspapier eingetragen werden (z.B. 07/2018 NRW). Die Ausnahme gemäß § 5 GGVSEB ersetzt die Bestimmungen des ADR und der GGVSEB bzw. verweist auf einzelne Bestimmungen, die durch die Ausnahme ersetzt werden.

b) Allgemeine Ausnahmen (GGAV)

Darüber hinaus sind Abweichungen (meist Erleichterungen) von GGVSEB und ADR allgemein möglich, und zwar für den

- **innerstaatlichen Verkehr**, wenn die Abweichungen von einzelnen ADR-Bestimmungen in der **Gefahrgut-Ausnahmeverordnung** (GGAV) geregelt sind, und für den
- **grenzüberschreitenden** Verkehr lt. § 3 GGAV: „Soweit in einer Ausnahme in der Anlage zu dieser Verordnung nicht ausdrücklich etwas anderes bestimmt ist, darf bei grenzüberschreitenden Beförderungen der innerstaatliche Teil der Beförderung nach den Vorschriften dieser Verordnung erfolgen."

c) Multilaterale Vereinbarungen (ADR-Vereinbarungen)

Multilaterale Vereinbarungen dürfen nicht nur bei grenzüberschreitenden, sondern in der Regel auch bei jeder innerstaatlichen Beförderung genutzt werden.

Eine Kopie des Textes der genutzten **multilateralen ADR-Vereinbarung** muss nur mitgeführt werden, wenn in der Vereinbarung vorgeschrieben. Im Beförderungspapier ist ggf. die Anwendung der multilateralen Vereinbarung einzutragen. Beispiel: „Beförderung vereinbart nach Abschnitt 1.5.1 ADR (M 315)"

3.8 ADR-Schulungsbescheinigung (8.2.2.8 ADR)

An die Fahrzeugführer, die Gefahrgut befördern, werden besondere Anforderungen gestellt. Der Gesetzgeber verlangt deshalb die Teilnahme an einer **Schulung**, in der die Fahrzeugführer auf ihre verantwortungsvolle Aufgabe vorbereitet und mit den Vorschriften vertraut gemacht werden.

Nach lückenloser Teilnahme an einer entsprechenden Schulung und bestandener Prüfung stellt die zuständige Industrie- und Handelskammer (IHK) für den Fahrzeugführer eine **„ADR-Schulungsbescheinigung"** aus. In der Bescheinigung sind die Klassen aufgeführt, für die der Fahrzeugführer eine Ausbildung mit Prüfung absolviert hat. Außerdem ist daraus ersichtlich, ob der Fahrzeugführer auch Gefahrgut in Tanks befördern darf. Die ADR-Schulungsbescheinigung gilt in allen ADR-Vertragsstaaten. Bei Verlust besteht die Möglichkeit, bei der IHK des Prüfungsortes eine Ersatzbescheinigung kostenpflichtig zu beantragen.

3.8.1 Schulungspflicht

Für folgende Beförderungen benötigen Fahrzeugführer eine „ADR-Schulungsbescheinigung":

Erforderliche Schulung / Beförderungsart	Erstschulung (Basiskurs)	Aufbaukurse für alle schulungspflichtigen Fahrzeugführer mit gültigem Basiskurs	Auffrischungsschulung für alle schulungspflichtigen Fahrzeugführer mit gültiger ADR-Schulungsbescheinigung
Versandstücke oberhalb der Mengengrenzen 1.1.3.6 ADR	18 UE Theorie, 1 UE Praxis Prüfung: 30 Fragen, 45 Minuten Zeit		mind. 8 UE Theorie, 4 UE Praxis Prüfung: 15 Fragen, 30 Minuten Zeit
Lose Schüttung (unverpackte Gefahrgüter)			
Tank – **bis zu 1000** Liter Fassungsraum in festverbundenen Tanks bzw. Aufsetztanks, MEMU und Batterie-Fahrzeugen – **bis zu 3000** Liter Einzelfassungsraum in Tankcontainern, ortsbeweglichen Tanks und MEGC		Tank – **über** 1000 Liter Fassungsraum in festverbundenen Tanks bzw. Aufsetztanks, MEMU und Batterie-Fahrzeugen – **über** 3000 Liter Einzelfassungsraum in Tankcontainern, ortsbeweglichen Tanks und MEGC 11 UE Theorie, 1 UE Praxis Prüfung: 24 Fragen, 45 Minuten Zeit	
Gefahrgüter der Klasse 1 oberhalb der Mengengrenzen 1.1.3.6 ADR	erforderlich	8 UE Theorie Prüfung: 15 Fragen, 30 Minuten Zeit	
Gefahrgüter der UN-Nummern 2912 bis 2919, 2977, 2978, 3321 bis 3333 (Klasse 7)	erforderlich	8 UE Theorie Prüfung: 15 Fragen, 30 Minuten Zeit	

Der Basiskurs ist für alle Fahrzeugführer verpflichtend. Sollen gefährliche Güter in Tanks (über 1000 Liter Fassungsraum bei Tankfahrzeugen, Aufsetztanks oder Batterie-Fahrzeugen bzw. über 3000 Liter Einzelfassungsraum bei Tankcontainern, ortsbeweglichen Tanks oder MEGC) befördert werden, muss der Aufbaukurs Tank besucht werden. Werden explosive Stoffe und Gegenstände mit explosiven Stoffen der Klasse 1 oberhalb der Mengengrenzen 1.1.3.6 ADR befördert, muss der Aufbaukurs Klasse 1 (*siehe „Aufbau-*

kurs Klasse 1") besucht sowie unter Umständen auch ein Befähigungsschein nach dem Sprengstoffrecht erworben werden. Bei der ausschließlichen Beförderung der Unterklasse 1.4 S ist eine Unterweisung ausreichend, hier wird keine ADR-Schulungsbescheinigung benötigt.

Für die Beförderung radioaktiver Stoffe der Klasse 7 muss der Aufbaukurs Klasse 7 erfolgreich absolviert sein; bei der Beförderung der UN-Nummern 2915 und 3332 ist auch hier lediglich eine Unterweisung erforderlich.

Bei der Beförderung von **flüssigen Metallen in Tiegeln** auf der Grundlage der Anlage 3 GGVSEB ist der Aufbaukurs Tank zusätzlich erforderlich. Alternativ ist auch eine ergänzende Einweisung durch eine fachkundige Person möglich, die zu dokumentieren ist.

Die ADR-Schulungsbescheinigung wird für 5 Jahre ausgestellt, innerhalb des letzten Jahres der Gültigkeit hat eine Auffrischungsschulung mit Prüfung stattzufinden, damit der Fahrzeugführer sich über den technischen Fortschritt sowie über gesetzliche Neuerungen informieren kann. Die Auffrischungsschulung dauert 2 Tage (mind. 12 Unterrichtseinheiten). Nach bestandener Prüfung wird eine neue ADR-Schulungsbescheinigung ausgestellt.

Beispiel:

Prüfung Basiskurs	Gültigkeit bis	Neuausstellung bis
01.03.2019	02.03.2023 01.03.2024	01.03.2029

Möglichkeit des Schulungsbesuchs und Bestehens der Prüfung ohne Zeitverlust
→ Neuausstellung, gültig bis 01.03.2029

3.8.2 Muster einer ADR-Schulungsbescheinigung

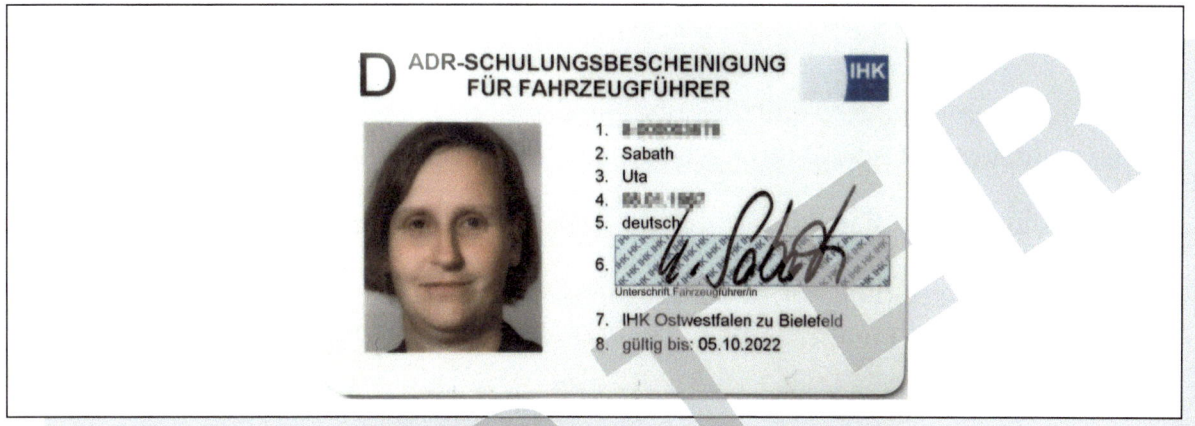

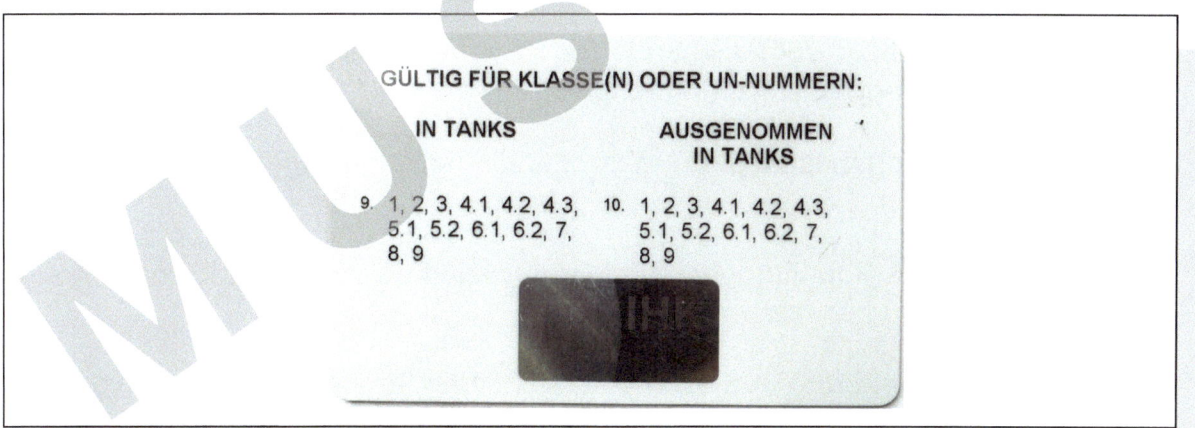

Die folgenden Abbildungen: neu seit 1.4.2019.

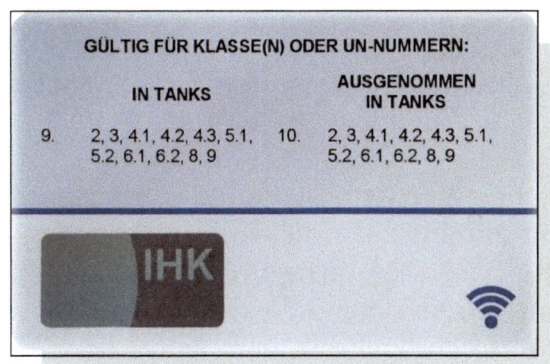

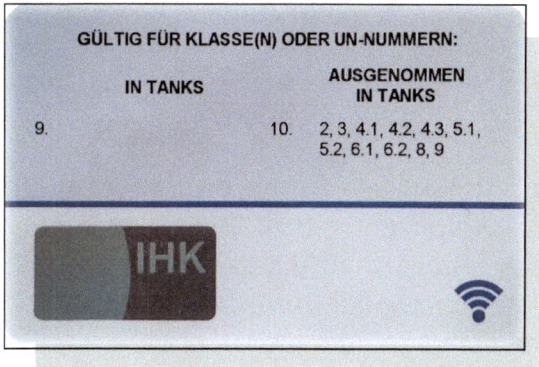

> 1000 L Fassungsvermögen: festverbundene Tanks, Aufsetztanks, Batterie-Fahrzeuge
> 3000 L Einzelfassungsraum Tankcontainer, ortsbewegliche Tanks, MEGC

≤ 1000 L Fassungsvermögen: festverbundene Tanks, Aufsetztanks, Batterie-Fahrzeuge
≤ 3000 L Einzelfassungsraum Tankcontainer, ortsbewegliche Tanks, MEGC

Zum 1.4.2019 wurden die Karten mit weiteren Sicherheitsmerkmalen versehen. Unter anderem kann mit Hilfe eines über Smartphones auslesbaren NFC-Chips überprüft werden, ob die „ADR-Card" in einer Datenbank vorhanden und damit gültig ist.

3.9 Fürs Gedächtnis

! **Begleitpapiere** ist ein Sammelbegriff für alle mitzuführenden Papiere.

! Das **Beförderungspapier** enthält Angaben über das Gefahrgut und dient der Erkennung der gefährlichen Ladung.

! Im **Beförderungspapier** müssen vor der UN-Nummer die Buchstaben „UN" stehen.

! Im **Beförderungspapier** sind in der Regel die Nummern der Gefahrzettel anzugeben, z.B. „3 (6.1)", manchmal (z.B. bei Lithiumbatterien) nur die Klasse.

! Ein korrekter Eintrag im **Beförderungspapier** beginnt mit den Buchstaben „UN" und endet i.d.R. mit den Buchstaben des Tunnelbeschränkungscodes (z.B. (D/E))

! Für anschließende bzw. vorhergehende Beförderungen mit **Seeschiffen** muss ein **Container-/Fahrzeugpackzertifikat** mitgeführt werden.

! Eine **ADR-Zulassungsbescheinigung** ist u.a. für Tankfahrzeuge und Explosivstofffahrzeuge erforderlich.

! Bei Verlust der **ADR-Schulungsbescheinigung** kann bei der zuständigen IHK eine Ersatzbescheinigung beantragt werden.

! Eine **Fahrwegbestimmung** wird von der zuständigen Straßenverkehrsbehörde ausgestellt oder als Allgemeinverfügung verkündet.

! Eine **ADR-Schulungsbescheinigung** ist vor Ablauf ihrer Gültigkeit zu erneuern (alle fünf Jahre). Das Ablaufdatum ist ein Ausschlussdatum. Nach Ablauf muss ein neuer Basiskurs besucht werden.

! **ADR-Schulungsbescheinigungen** werden in allen ADR-Staaten (derzeit 52, Stand 2020) gegenseitig anerkannt.

! **Schriftliche Weisungen** enthalten Angaben zu den von den Gefahrgütern ausgehenden **Gefahren** und zu den zu treffenden **Maßnahmen** bei Unfällen und Zwischenfällen, außerdem Angaben über die persönliche und allgemeine Schutzausrüstung. Diese können für den Vergleich vorgeschriebene/tatsächlich vorhandene persönliche und sonstige Schutzausrüstung im Rahmen der Abfahrtkontrolle genutzt werden.

! Die **schriftlichen Weisungen** müssen in der Sprache der Mitglieder der Fahrzeugbesatzung abgefasst sein.

! Der Inhalt der **schriftlichen Weisungen** ist im ADR verbindlich festgelegt.

! Die **schriftlichen Weisungen** in der Sprache, die die Mitglieder der Fahrzeugbesatzung verstehen und anwenden können, erhalten sie vom Beförderer.

3.10   Kontrollfragen

1. **Darf bei der Beförderung im Zulauf zum Bahnhof ein Eisenbahnfrachtbrief als Beförderungspapier verwendet werden?**

❏ A   Ja, wenn der Eisenbahnfrachtbrief die vorgeschriebenen Angaben nach ADR enthält.

❏ B   Der Eisenbahnfrachtbrief darf nicht als Beförderungspapier verwendet werden.

❏ C   Es darf ausdrücklich nur ein Beförderungspapier für den Teiltransport auf der Straße mitgeführt werden.

❏ D   Nein, das ist nicht möglich.   (3.2; 3.2.2)

2. **In welchem Begleitpapier sind eventuell besondere Auflagen (Nebenbestimmungen) für die Transportdurchführung enthalten?**

❏ A   Beförderungspapier

❏ B   ADR-Zulassungsbescheinigung

❏ C   Ausnahme gemäß § 5 GGVSEB

❏ D   Schriftliche Weisungen   (3.7)

3. **Für wen sind schriftliche Weisungen in erster Linie bestimmt?**

❏ A   Für den Empfänger

❏ B   Für Unfallhilfsdienste (z.B. Feuerwehr)

❏ C   Für die Mitglieder der Fahrzeugbesatzung

❏ D   Für die Polizei   (3.3)

4. **Wo müssen schriftliche Weisungen bei der Beförderung gefährlicher Güter in Versandstücken mitgeführt werden?**

❏ A   Im Fahrerhaus

❏ B   Hinter den orangefarbenen Tafeln vorne und hinten an der Beförderungseinheit

❏ C   Auf der Ladefläche

❏ D   Im Erste-Hilfe-Kasten   (3.3)

5. Welchem Begleitpapier können Sie die Benennung der jeweils beförderten Gefahrgüter und deren Gefahrzettel-Nummer entnehmen?

❏ A   Der ADR-Schulungsbescheinigung

❏ B   Dem Beförderungspapier

❏ C   Der ADR-Zulassungsbescheinigung

❏ D   Dem Tankprüfbericht   (3.2; 3.2.1)

6. Welche Gefahrguttransporte dürfen Sie nach erfolgreicher Teilnahme an einem Basiskurs für Gefahrgutfahrer durchführen?

❏ A   Sprengstofftransporte

❏ B   Sämtliche Gefahrguttransporte

❏ C   Transporte mit gefährlichen Gütern in Versandstücken und in loser Schüttung (außer Klasse 1 und Klasse 7 in kennzeichnungspflichtiger Menge)

❏ D   Nur Tanktransporte mit Tanks über 3000 l Fassungsraum   (3.8.1)

7. Welchem Begleitpapier können Sie die UN-Nummer des zu befördernden Gutes entnehmen?

❏ A   Der ADR-Schulungsbescheinigung

❏ B   Der Ausnahme

❏ C   Der ADR-Zulassungsbescheinigung

❏ D   Dem Beförderungspapier   (3.2; 3.2.1)

8. Wann muss der Fahrzeugführer schriftliche Weisungen durchlesen?

❏ A   Unterwegs in einer Pause

❏ B   Bevor er auf die Autobahn fährt

❏ C   Vor Beförderungsbeginn

❏ D   Erst nachdem ein Unfall eingetreten ist   (3.3)

9. In welchem Begleitpapier kann der Fahrzeugführer den Tunnelbeschränkungscode der beförderten Gefahrgüter ablesen?

❏ A Im Beförderungspapier

❏ B In den schriftlichen Weisungen

❏ C In der grünen Versicherungskarte

❏ D Im Erste-Hilfe-Nachweis   (3.2; 3.2.1)

10. Dürfen Sie die ADR-Schulungsbescheinigung bei internationalen Beförderungen benutzen?

❏ A Nein, da nur nationale Regelungen in den ADR-Schein-Lehrgängen vermittelt werden.

❏ B Die ADR-Schulungsbescheinigung gilt lediglich in dem Land, in dem sie erworben wurde.

❏ C Ja, da die Schulungsbescheinigung von den anderen ADR-Staaten anerkannt wird.

❏ D Nur wenn die Schulung mehrsprachig durchgeführt wurde.   (3.8)

11. Sie sollen nicht freigestellte Versandstücke der Klasse 7 befördern. Welche ADR-Schulungsbescheinigungen benötigen Sie dafür?

❏ A Aufbaukurse Tank und Klasse 7

❏ B Basiskurs, zusätzlich Aufbaukurs Klasse 7

❏ C Basiskurs für Klasse 7 und den Versandstückschein

❏ D Nur Aufbaukurs Klasse 7   (3.8.1)

12. In welchem Begleitpapier sind von den Gefahrgütern ausgehende Gefahren und Maßnahmen dagegen beschrieben?

❏ A In der ADR-Zulassungsbescheinigung

❏ B In der Fahrwegbestimmung

❏ C In den schriftlichen Weisungen

❏ D In der Baumusterzulassung des Fahrzeugs   (3.3)

13. Welches der genannten Papiere ist ein Begleitpapier gemäß ADR?

❏ A Das Container-/Fahrzeugpackzertifikat

❏ B Der Stauplan

❏ C Der Fahrzeugschein

❏ D Der Prüfbeleg der letzten Abgasuntersuchung   (3.2.6)

14. Ihnen werden die Papiere gestohlen. Darunter ist auch der „ADR-Schein". Was können Sie tun?

❏ A Ich muss einen Basiskurs neu besuchen und damit die ADR-Schulungsbescheinigung neu erwerben.

❏ B Ich darf ohne ADR-Schein weiterhin Gefahrgüter in kennzeichnungspflichtigen Mengen fahren. Bei Kontrollen muss ich in dem Fall lediglich auf den Diebstahl hinweisen.

❏ C Bei der zuständigen IHK (Prüfungsort) kann ich eine Ersatzbescheinigung beantragen.

❏ D Ich lasse mir vor Ort durch die Polizei einen neuen ADR-Schein ausstellen.   (3.8)

15. Die Angabe der Verpackungsgruppe im Beförderungspapier gibt dem Fahrzeugführer ...

❏ A Hinweise auf Zusammenladeverbote

❏ B Hinweise auf die Gefährlichkeit des Stoffes

❏ C Hinweise auf verwendete Verpackungen

❏ D Hinweise auf Zusammenpackverbote   (2.4)

16. Welcher der nachfolgenden Einträge ist ein korrekter Eintrag im Beförderungspapier für Farbe (UN 1263)?

❏ A Farbzubehörstoffe, UN 1263, 3, II (D/E)

❏ B UN 1263 Farbe, 3, II, (D/E)

❏ C 1263 Farbe, 3, II

❏ D UN 1263 Interlack Duo, 3   (3.2.1)

17. **Wo findet der Fahrzeugführer Angaben über die Gefahrzettel der beförderten Güter?**

❏ A   Im Aushang beim Verlader

❏ B   Im Beförderungspapier

❏ C   In den schriftlichen Weisungen

❏ D   In einer Verladererklärung   (3.2)

18. **Darf ein Beförderungsdokument nach dem IMDG-Code (Seeverkehr) als Beförderungspapier gemäß ADR mitgeführt werden, wenn Gefahrgüter zu einem Seeschiff befördert werden?**

❏ A   Ja, wenn im Container-/Fahrzeugpackzertifikat der Eintrag „Beförderung nach Absatz 1.1.4.2.1" und die gemäß ADR geforderten zusätzlichen Angaben enthalten sind.

❏ B   Nur mit Erlaubnis der Gewerbeaufsicht

❏ C   Ja

❏ D   Nur mit Erlaubnis der Hafenbehörde   (3.2.2)

19. **Darf der für die Beförderung von Abfällen vorgeschriebene Begleitschein als Beförderungspapier gemäß ADR genutzt werden?**

❏ A   Nein

❏ B   Ja

❏ C   Ja, aber nur, wenn die laut ADR geforderten Angaben enthalten sind.

❏ D   Abfälle sind grundsätzlich keine Gefahrgüter.   (3.2.5)

20. **Ihre ADR-Schulungsbescheinigung läuft ab. Wie lange vor dem Ablaufdatum ohne Zeitverlust dürfen Sie eine Auffrischungsschulung besuchen?**

❏ A   Das ist nicht geregelt.

❏ B   Maximal 1 Jahr vor Ablauf

❏ C   Ich muss genau zum Stichtag zur Prüfung

❏ D   Ein halbes Jahr nach Ablauf   (3.8.1)

21. Aus welchem Begleitpapier entnimmt der Fahrzeugführer Angaben zum Tunnelbeschränkungscode?

❏ A   Aus den schriftlichen Weisungen

❏ B   Aus dem Beförderungspapier

❏ C   Aus der ADR-Schulungsbescheinigung

❏ D   Aus der ADR-Zulassungsbescheinigung   (3.2.1)

22. Sie übernehmen UN 3509 Altverpackungen, leer, ungereinigt. Welcher Eintrag im Beförderungspapier ist korrekt?

❏ A   Leerverpackungen

❏ B   Leere Großpackmittel (IBC), 9

❏ C   Es ist kein Beförderungspapier erforderlich.

❏ D   UN 3509 Altverpackungen, leer, ungereinigt
(enthält Rückstände von 3, 8, 9), 9, (E)   (3.2.1.5)

23. In welchem Begleitpapier kann der Fahrzeugführer nachlesen, welche Ausrüstungsgegenstände für sein befördertes Gefahrgut vorgeschrieben sind?

❏ A   Im Beförderungspapier

❏ B   In der ADR-Zulassungsbescheinigung

❏ C   In den schriftlichen Weisungen

❏ D   Das muss der Fahrzeugführer auswendig wissen.   (3.3)

24. Welche der folgenden Antworten gibt die vorgeschriebene Reihenfolge der geforderten Angaben im Beförderungspapier wieder?

❏ A   UN-Nummer, Nummer zur Kennzeichnung der Gefahr, Benennung, Verpackungsgruppe

❏ B   UN-Nummer, Benennung, Gefahrzettelmuster, Verpackungsgruppe, Beförderungskategorie, Tunnelbeschränkungscode

❏ C   UN-Nummer, Benennung, Gefahrzettelmuster, ggf. Verpackungsgruppe, Tunnelbeschränkungscode

❏ D   UN-Nummer, Menge, Anzahl und Art der Versandstücke   (3.2.1)

4 Fahrzeug- und Beförderungsarten, Umschließungen, Ausrüstung

4.1 Beförderungsarten/Fahrzeugarten

Folgende **Beförderungsarten** kommen für Gefahrgüter in Frage:

- **Beförderung verpackter Güter (Versandstücke)**

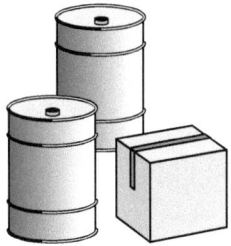

- **Beförderung in loser Schüttung (keine Verpackung)**

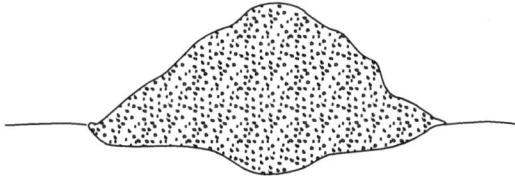

- **Beförderung in Tanks** *(siehe ggf. „Aufbaukurs Tank")*

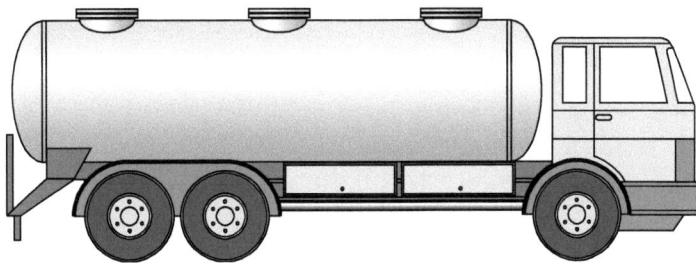

- **Beförderung als geschlossene Ladung**
  Die Ladung kommt von **einem** einzigen **Absender**, dem der ausschließliche Gebrauch des Fahrzeugs oder des Großcontainers vorbehalten ist. Er oder der Empfänger bestimmt, wie die Ladevorgänge durchgeführt werden.

Merke

✔ Geschlossene Ladung" (von einem einzigen Absender) kann man sich merken
  wie „geschlossene Gesellschaft" (von einem einzigen Veranstalter eingeladen).

4.1.1 Versandstücke

Versandstücke im Sinne des ADR sind versandfertig in Verpackungen verpackte Gefahrgüter. Güter, die in loser Schüttung oder in Tanks befördert werden, sind keine Versandstücke. Für die Beförderung von Versandstücken kommen die Fahrzeugarten in Betracht, wie sie nachfolgend dargestellt sind:

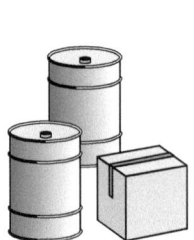

… auf **offenen** Fahrzeugen

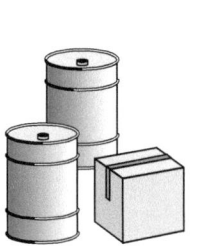

Merke

✔ Dächer werden **gedeckt** (starr).

… in **gedeckten** Fahrzeugen

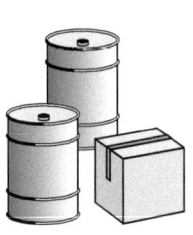
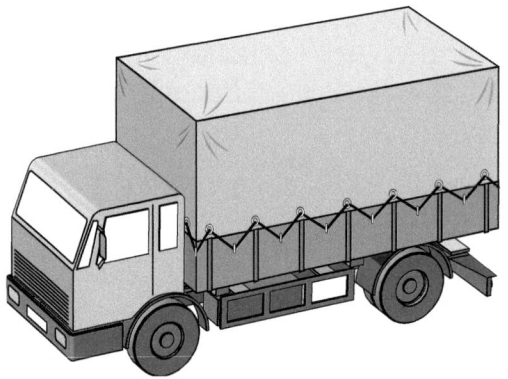

Merke

✔ Die Bettdecke **bedeckt** das Bett (flexibel).

… in **bedeckten** Fahrzeugen

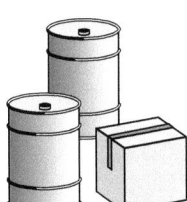

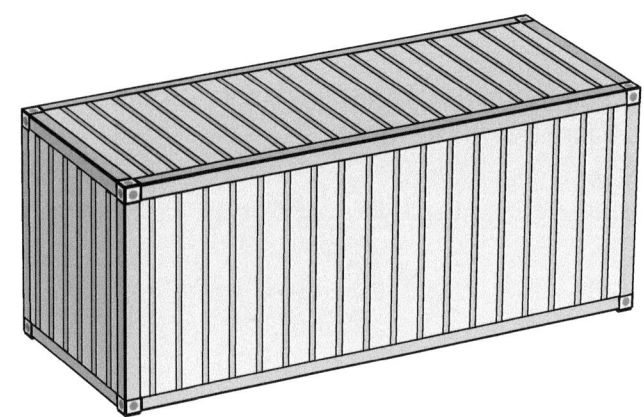

… in **Containern** oder austauschbaren Ladungsträgern

Container:	– Beförderungsgerät zur wiederholten Verwendung (Rahmenkonstruktion oder ähnliches Gerät)
	– Fassungsraum mindestens 1 m³ (außer bei Klasse 7)
	– stapelbar
Wechselaufbau:	– Container ausschließlich für Beförderung mit Fahrzeugen im Land- oder Fährverkehr
	– nicht stapelbar
	– mit Stützbeinen ausgerüstet

4.1.2 Lose Schüttung

Für die Beförderung gefährlicher Güter in loser Schüttung (unverpackt) kommen z.B. folgende Beförderungsmittel in Betracht:

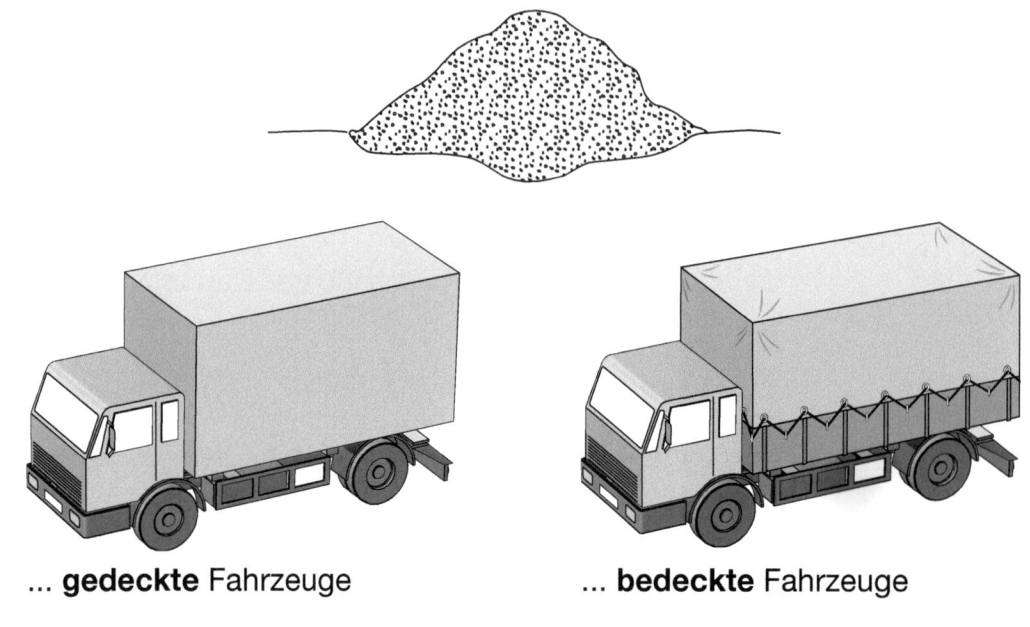

... **gedeckte** Fahrzeuge   ... **bedeckte** Fahrzeuge

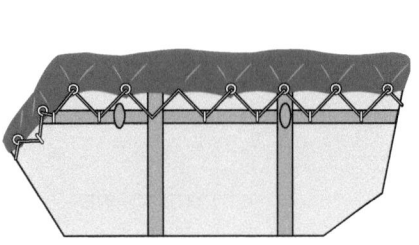   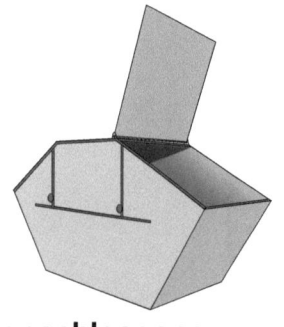   

... **bedeckte**
Schüttgut-Container
(**BK1** oder z.B. nach VC1)

... **geschlossene**
Schüttgut-Container
(**BK2** oder z.B. nach VC2)

... **flexible**
Schüttgut-
Container (BK3)

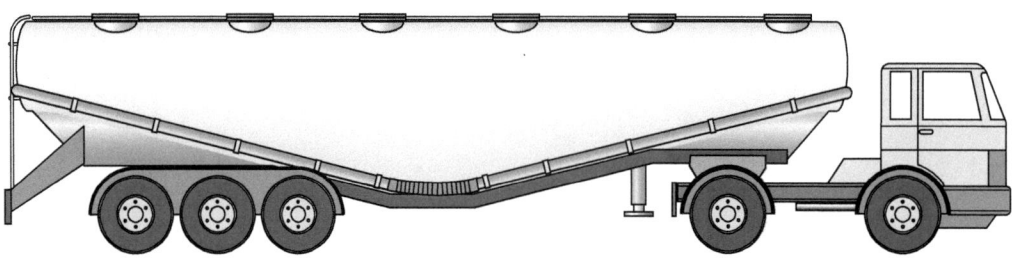

... **Silofahrzeuge**
Wenn eine Beförderung in loser Schüttung in gedeckten Fahrzeugen zugelassen ist, sind Silofahrzeuge auch gedeckte Fahrzeuge.

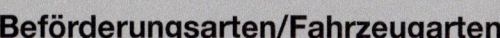

... besonders ausgerüstete Fahrzeuge zur Beförderung erwärmter flüssiger und fester Stoffe (VC3)

Gefahrgüter dürfen in loser Schüttung (d.h. ohne Verpackung) in Fahrzeugen oder Containern nur dann befördert werden, wenn diese Beförderungsart **ausdrücklich zugelassen** ist.

Dies ist der Fall, wenn im Gefahrgut-Verzeichnis (*siehe Seiten 10/11*)

- in Spalte 17 auf eine Sondervorschrift (**VC** und ggf. zusätzlich **AP**) hingewiesen wird oder
- in Spalte 10 für den entsprechenden Stoff „**BK1**", „**BK2**" und/oder „**BK3**" eingetragen ist.

Die Codes BK1, BK2 und BK3 in Spalte 10 haben folgende Bedeutung:

BK1 Die Beförderung in **bedeckten** Schüttgut-Containern mit Planen ist zulässig.

BK2 Die Beförderung in **geschlossenen** Schüttgut-Containern ist zulässig.

BK3 Die Beförderung in **flexiblen** Schüttgut-Containern ist zulässig.

Beispiel:

UN 1498 NATRIUMNITRAT darf sowohl unter den Bedingungen der Sondervorschriften VC1, VC2 befördert werden als auch in Containern der Codierung BK1, BK2 oder BK3.

Die Beförderung von UN 1498 NATRIUMNITRAT ist außer in bestimmten Verpackungen auch zulässig

- **in loser Schüttung**
  - unter den Bedingungen der Sondervorschriften **VC1** und **VC2** (bedeckte oder gedeckte Fahrzeuge, bedeckte oder geschlossene Container oder Schüttgut-Container) und den Sondervorschriften AP6 (z.B. nicht brennbare Planen) und AP7 (geschlossene Ladung) oder
  - in Silofahrzeugen oder
  - in Containern der Codierung **BK1**, **BK2** oder **BK3**.

- **in Tanks** (z.B. Tankcontainern, festverbundenen Tanks, ortsbeweglichen Tanks, Saug-Druck-Tankfahrzeugen, Aufsetztanks), die einer geeigneten Tankcodierung (hier: SGAV) entsprechen. (Die Beförderung in Tanks wird im Aufbaukurs Tank behandelt.)

Bei der Beförderung von Gefahrgütern in loser Schüttung durch Tankfahrzeuge mit ADR-Zulassungsbescheinigung muss der Fahrzeugführer im Besitz einer gültigen ADR-Schulungsbescheinigung mit Aufbaukurs Tank sein. Wird die Beförderung in loser Schüttung mit einem Silofahrzeug (gedecktem Fahrzeug) durchgeführt, ist der Basiskurs ausreichend.

Leere Verpackungen (z.B. UN 3509) dürfen grundsätzlich in loser Schüttung befördert werden.

Oftmals ist eine besondere Auskleidung der Fahrzeug- bzw. Containerwände vorgeschrieben.

4.1.3   Beförderung von erwärmten flüssigen und festen Stoffen

Die Beförderung von erwärmten flüssigen Stoffen – UN 3257, hier insbesondere

- flüssiges Aluminium,

- flüssiges Bitumen,

- flüssiges Eisen,

- heißes Paraffin (Wachs)

und von erwärmten festen Stoffen – UN-Nummer 3258, hier insbesondere

- heiße Brammen (massive Metalle als Halbzeug),

- Stahlcoils (warm gewalzt),

- Aluminiumkrätze, wenn dieses Gut den vorgeschriebenen Grenzwert für die Gasbildung nicht überschreitet und wenn die Temperatur bei Beginn der Beförderung 240 °C oder höher ist,

unterliegen in Deutschland den Anforderungen des § 36b sowie der Anlage 3 der GGVSEB. In der Anlage 3 werden die Anforderungen an den Transport dieser Güter in besonders ausgerüsteten Fahrzeugen oder Containern beschrieben. Dazu gehören:

- allgemeine Anforderungen an die Umschließungen und deren Ladungssicherung

- Brand- und Explosionsschutz

- zusätzliche Anforderungen für die Beförderung flüssiger Metalle in Tiegeln (Hierzu gehört u.a. die Anforderung, dass das Kraftfahrzeug (Zugmaschine oder Motorwagen) seit dem 1. Juli 2017 und der Sattelanhänger oder Anhänger ab dem 1. Januar 2021 mit einer Fahrdynamikregelung (Electronic Stability Control - ESC) ausgestattet sein muss und dass der Fahrzeugführer seit dem 30.06.2018 entweder über einen Aufbaukurs Tank oder eine entsprechende innerbetriebliche Unterweisung mit vorgeschriebenen Inhalten verfügen muss).

4.1.4 Beförderungseinheit/Beförderungsmittel

Beförderungseinheiten sind Einzelfahrzeuge und Fahrzeugkombinationen, die durch Motorkraft angetrieben werden und die Möglichkeit besitzen, Ladung auf Ladeflächen zu befördern.

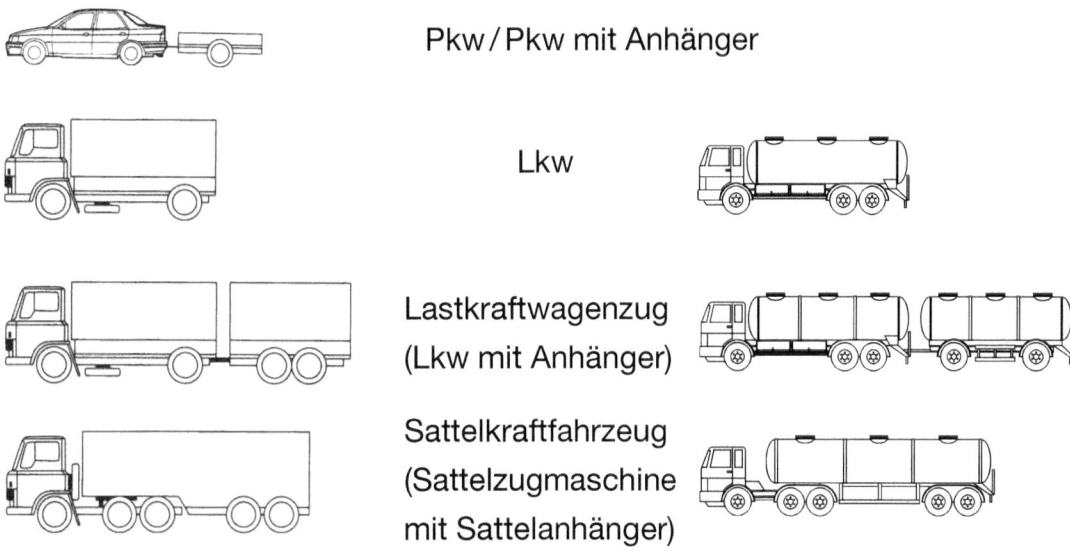

Pkw / Pkw mit Anhänger

Lkw

Lastkraftwagenzug
(Lkw mit Anhänger)

Sattelkraftfahrzeug
(Sattelzugmaschine
mit Sattelanhänger)

Keine Beförderungseinheit ist also z.B. ein Anhänger. Beförderungseinheiten mit mehr als einem Anhänger (auch Sattelanhänger) sind unzulässig.

Beförderungsmittel sind Fahrzeuge für die Straßenbeförderung mit einer bauartbedingten Höchstgeschwindigkeit von mehr als 25 km/h.

Güterbeförderungseinheit (CTU) kann ein Fahrzeug, ein Container, ein Tankcontainer, ein ortsbeweglicher Tank, ein MEGC oder eine begaste Güterbeförderungseinheit (CTU) sein.

4.2 Gefahrgutumschließungen

Für die Beförderung muss das Gefahrgut in der Regel von einem Behältnis, der sog. Gefahrgutumschließung, umschlossen werden. Umschließungen können Fahrzeuge (Tanks), Container oder Verpackungen sein.

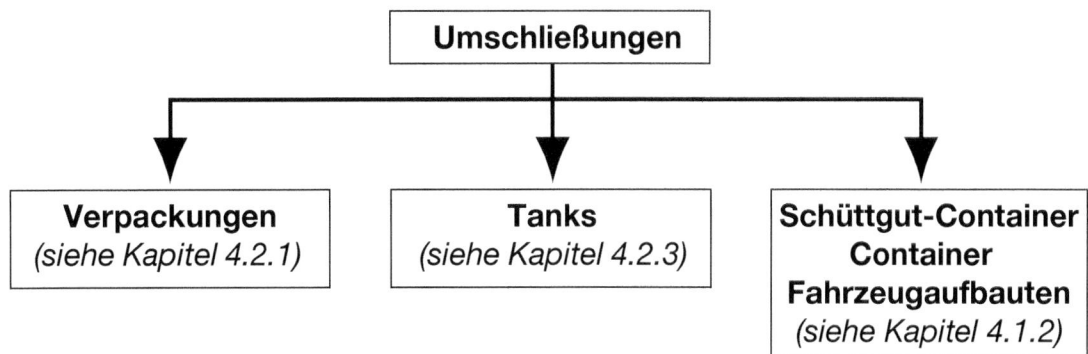

Umschließungen		
Verpackungen *(siehe Kapitel 4.2.1)*	**Tanks** *(siehe Kapitel 4.2.3)*	**Schüttgut-Container** **Container** **Fahrzeugaufbauten** *(siehe Kapitel 4.1.2)*

Je nach Bauart und Fassungsvermögen werden unterschiedliche Gefahrgutumschließungen unterschieden:

4.2.1 Verpackungen

Verpackungen für Gefahrgut müssen in der Regel nach ihrer Bauart zugelassen sein. Die Bauartzulassung ist an einer Ziffern-/Buchstabenkombination erkennbar. Sie beginnt meist mit dem Symbol (u̅n̅) oder den Buchstaben **UN**.

Verpackung für flüssige Stoffe, z.B.:

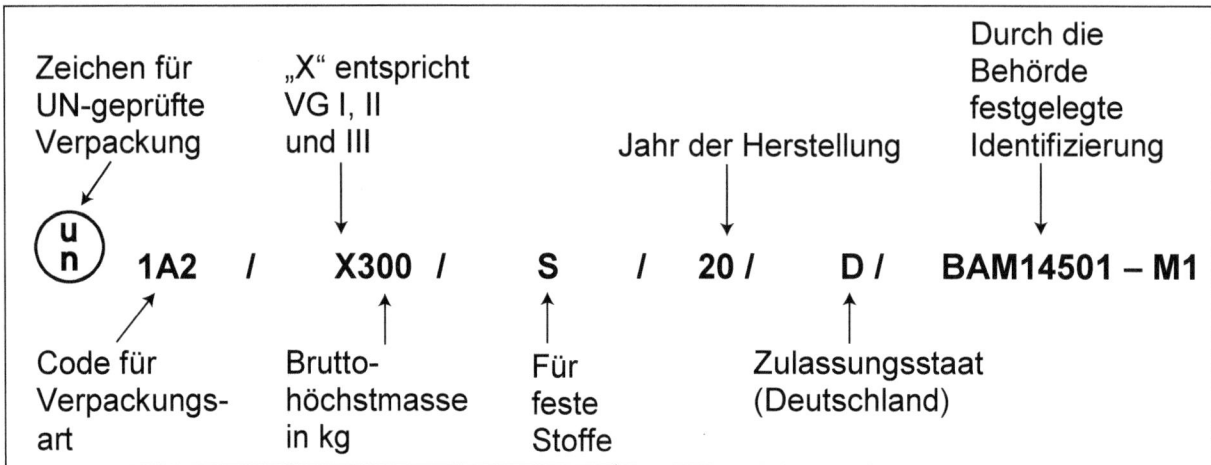

Leistungsfähigkeit der Verpackung, hier für Stoffe aller Gefahreneigenschaften (Buchstabe „X" entspricht den Verpackungsgruppen I, II und III)

Beispiele:

Fässer aus Metall, Kunststoff, Pappe

Kanister aus Stahl oder Kunststoff

Kisten aus Metall, Holz, Pappe oder Kunststoff

Säcke aus Papier, Textilgewebe, Kunststoffgewebe oder Folie

Kombinationsverpackungen, z.B. Korbflasche (Glasflasche in Kunststoffkorb)

Fassungsvermögen von Verpackungen: In der Regel bis höchstens 450 l.

Verpackungen für **freigestellte Mengen** brauchen keine Bauartzulassung, müssen aber auch bestimmten Vorschriften des ADR genügen (Prüfung nach 3.5.3 ADR).

Verpackungen für **begrenzte Mengen** müssen den allgemeinen Verpackungsvorschriften entsprechen (es ist keine Bauartzulassung erforderlich, aber die Übereinstimmung mit den Bauvorschriften für die verwendeten Außenverpackungen).

Verschiedene Verpackungen:

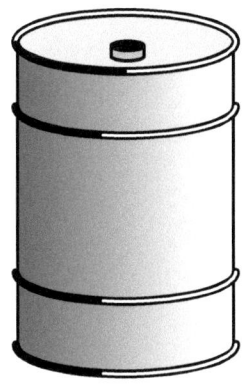

Fass aus Stahl
(hier mit Spundloch)

Fass aus Kunststoff

Druckgefäß
(Gasflasche)

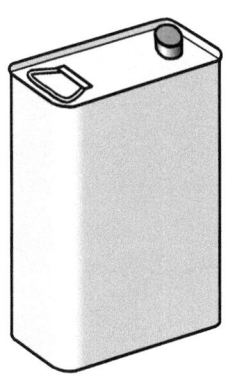

Feinstblechverpackung

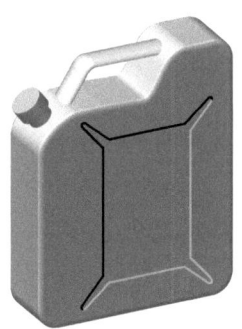

Kanister aus Kunststoff

Kiste aus Holz

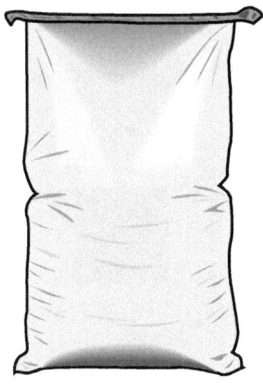

Sack

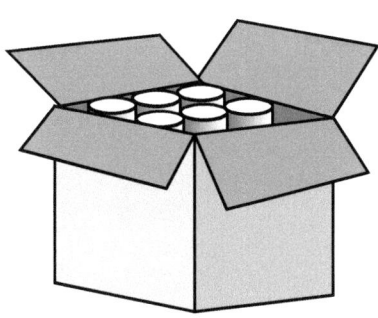

Zusammengesetzte
Verpackung (Mehrfach-
verpackungen für Beförde-
rungszwecke)

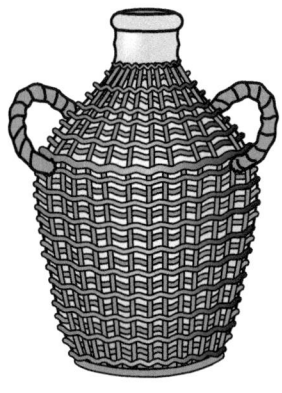

Kombinationsverpackung
(Korbflasche)
(Innengefäß in einer
äußeren Verpackung,
festverbunden)

4.2.2 Besondere Verpackungsarten

4.2.2.1 Großpackmittel (Intermediate Bulk Container, IBC)
Fassungsvermögen bis höchstens 3 m^3.

Beispiele:

– Flexible Großpackmittel (sogenannte „big bags")
– Metallene Großpackmittel
– Großpackmittel aus festem Kunststoff, in der Regel in einer Metallgitterbox

Großpackmittel (IBC)

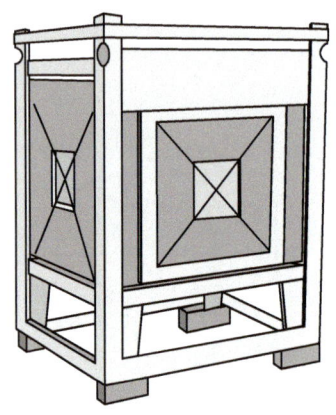

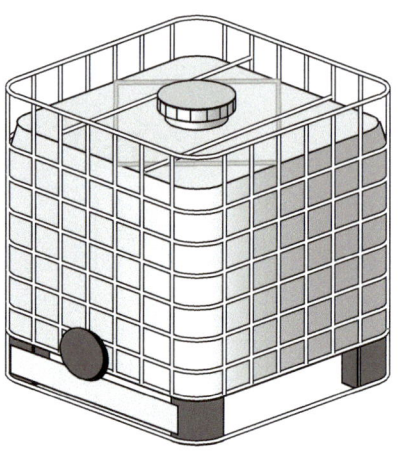

metallener IBC   flexibler IBC („big bag")   Kombinations-IBC mit Kunststoff-Innenbehälter

Auf Großpackmitteln (IBC) und Großverpackungen muss die höchstzulässige Stapellast angegeben werden.

Stapelverbote werden so dargestellt:

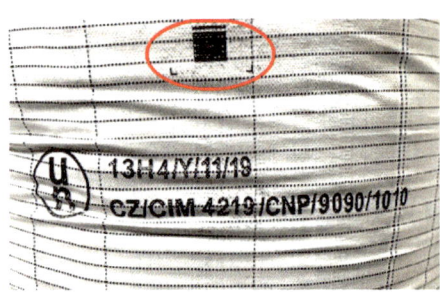

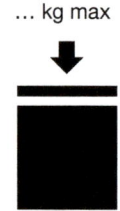

… kg max

4.2.2.2 Großverpackungen

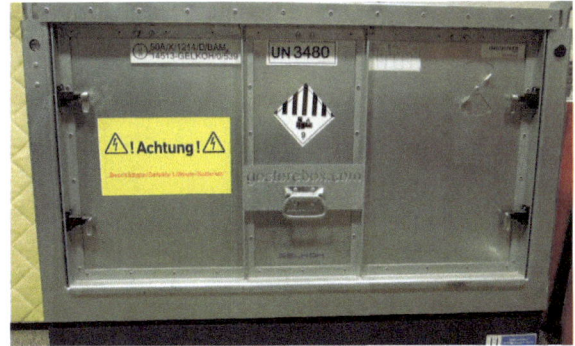

Großverpackungen sind Außenverpackungen, die Gegenstände oder bereits verpackte Güter enthalten und für mechanische Handhabung geeignet sind.

Sie sind für Nettomassen (Inhalte) von mehr als 400 kg und Fassungsvermögen von mehr als 450 l ausgelegt, haben aber ein Höchstvolumen von 3 m³.

4.2.2.3 Bergungsverpackungen, Bergungsdruckgefäße und Bergungsgroßverpackungen

Bergungsverpackungen sind speziell für die Aufnahme von beschädigten oder den Vorschriften nicht entsprechenden Versandstücken hergestellt, so dass beschädigte, insbesondere auch während der Beförderung undicht gewordene Versandstücke gefahrlos weiterbefördert werden können. Sie sind mit dem Kennzeichen „BERGUNG" zu versehen.

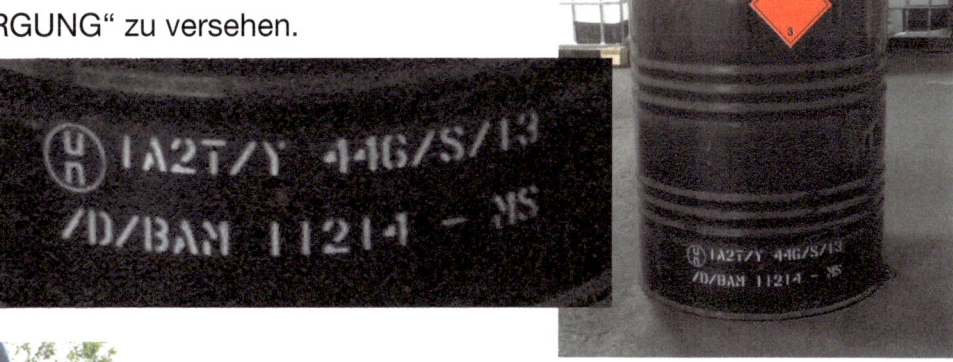

Fass als Bergungsverpackung, hier für Farbe

Bergungsdruckgefäße sind für beschädigte oder nicht den Vorschriften entsprechende Druckgefäße zu verwenden. Fassungsraum: max. 3000 l.

Bergungsgroßverpackungen sind für mechanische Handhabungen ausgelegte Sonderverpackungen, in die beschädigte, defekte, undichte oder nicht den Vorschriften entsprechende Versandstücke eingesetzt werden. Größe: > 400 kg oder Fassungsraum > 450 l, aber ≤ 3000 l

4.2.2.4 Kryo-Behälter

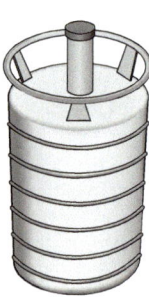

Kryo-Behälter sind ortsbewegliche wärmeisolierte Druckgefäße nach Art einer Thermoskanne für die Beförderung tiefgekühlt verflüssigter Gase mit einem höchsten Fassungsvermögen von 1000 l (griech. „kryos" bedeutet „kalt").

4.2.2.5 Umverpackung

Eine Umverpackung ist eine Ladeeinheit (Umschließung) aus verschiedenen Versandstücken, die zum Zweck der leichteren Handhabung zusammengefasst worden sind. Für Güter der Klasse 7 dürfen solche Umverpackungen nur für Versandstücke von einem einzigen Absender verwendet werden. Beispiele für solche Umverpackungen sind:

a) Palette mit mehreren Versandstücken, gesichert durch Schrumpf- oder Wickelfolie oder durch Bänderung
b) Kisten aus Pappe oder Kunststoffkanister, mit Einmalzurrbändern fest mit der Palette und untereinander zu einer Ladeeinheit verbunden
c) Stülpkartons
d) Kisten

> **Merke**
>
> ✔ Eine Umverpackung ist **keine** Verpackung, sie dient nur der leichteren Handhabung.

Kiste aus Pappe als Umverpackung

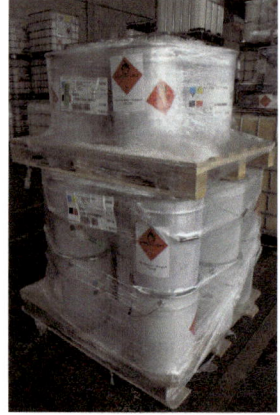

Palette mit Wickelfolie als Umverpackung

Zur Kennzeichnung und Bezettelung von Umverpackungen *siehe Themenbereich 5.*

4.2.3 Tanks

Größere Mengen gefährlicher Güter werden in Tanks befördert:

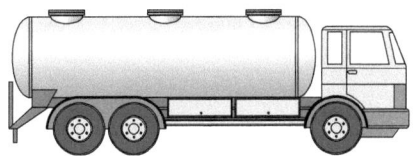

Tankfahrzeug ist ein Fahrzeug mit einem oder mehreren festverbundenen Tanks zur Beförderung von flüssigen, gasförmigen, pulverförmigen oder körnigen Stoffen.

Aufsetztank zur Beförderung von flüssigen, gasförmigen, pulverförmigen oder körnigen Stoffen mit einem Fassungsraum von mehr als 450 Litern. Der Aufsetztank darf nur im leeren Zustand auf- und abgesetzt werden.

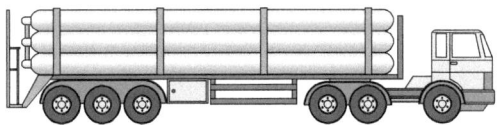

Batteriefahrzeug
Fahrzeug, bestehend aus Elementen für Gase, die durch ein Sammelrohr verbunden sind und dauerhaft auf dem Fahrzeug befestigt sind.

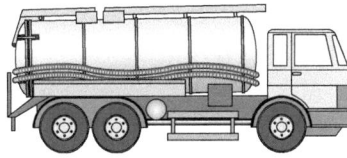

Saug-Druck-Tankfahrzeug
Tankfahrzeug für Abfälle mit besonderer Bauweise oder Ausrüstung (z.B. hydraulischer Kolben zur Verringerung des Fassungsraumes)

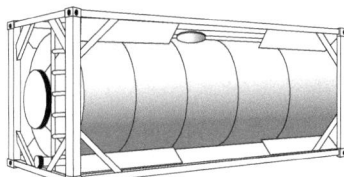

Tankcontainer (ADR/RID)/Ortsbeweglicher Tank (IMDG Code)
Tank in einem Rahmenbauwerk, bestehend aus Tankkörper und Ausrüstungsteilen, geeignet für das Um-, Auf- und Absetzen im befüllten Zustand für die Beförderung von flüssigen, gasförmigen, pulverförmigen oder körnigen Stoffen. Besonderheit: Fassungsraum bei Gasen mehr als 450 Liter, sonst mindestens 1000 Liter

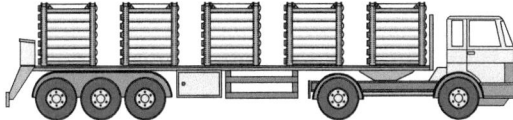

MEGC (Multiple Element Gas Container)
Beförderungsgerät, bestehend aus mehreren Elementen für Gase, in einem Rahmen montiert und innerhalb des Rahmens untereinander mit einem Sammelrohr verbunden
Fassungsraum mehr als 450 Liter

4.2.4 Fassungsvermögen von Gefahrgutumschließungen

Verpackungen (z.B. Fässer, Kisten, Kanister) haben eine höchste Nettomasse von 400 kg bzw. ein Fassungsvermögen von maximal 450 l. Druckgefäße variieren: **Druckflaschen** haben ein maximales Fassungsvermögen bis zu 150 l, **Druckfässer** bis zu maximal 1000 l und **Großflaschen** bis zu maximal 3000 l.

Großpackmittel und Großverpackungen haben ein Fassungsvermögen von maximal 3000 l bzw. 3 m³.

Container beginnen ab einem Fassungsvermögen von 1 m³ (Ausnahme: Tankcontainer für Gase, Aufsetztanks, ortsbewegliche Tanks und MEGC haben ein Fassungsvermögen von mehr als 0,45 m³ oder 450 l). **Kleincontainer** haben ein Innenvolumen von max. 3 m³.

Alle anderen Container (z.B. **Schüttgut-Container, Großcontainer**) beginnen bei einem Fassungsraum von mehr als 1000 l bzw. 1 m³.

4.3 Ausrüstung der Fahrzeuge

Für Gefahrgutfahrzeuge bestehen besondere Vorschriften über

- die **mitzuführenden Ausrüstungsgegenstände***) und
- die **bauliche Ausrüstung** der Fahrzeuge.

---

*) *Pflicht zur Mitgabe der Ausrüstung siehe Kapitel 7.1.3*

4.3.1 Mitzuführende Ausrüstungsgegenstände

4.3.1.1 Feuerlöschgeräte

Je nach beförderter Menge des Gefahrguts sind 1 oder 2 Feuerlöscher mitzuführen. Die Feuerlöscher müssen den **Brandklassen A, B und C** nach der europäischen Norm EN 3 entsprechen.

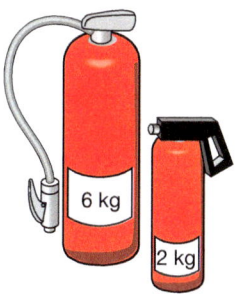

Der erste Feuerlöscher muss mit mindestens 2 kg Löschmittel gefüllt sein. Dieser Feuerlöscher muss auch bei der Beförderung gefährlicher Güter gemäß 1.1.3.6 ADR mitgeführt werden (dann z.B. auch im Pkw).

Oberhalb der höchstzulässigen Mengen nach 1.1.3.6 ADR sind in Abhängigkeit von der zulässigen Gesamtmasse (zGM) der Beförderungseinheit immer mindestens zwei Feuerlöscher mitzuführen:

höchstzulässige Masse der Beförderungseinheit	Mindestanzahl der Feuerlöschgeräte	Mindestgesamtfassungsvermögen je Beförderungseinheit	geeignetes Feuerlöschgerät für einen Motor- oder Fahrerhausbrand; mindestens eines mit einem Mindestfassungsvermögen von:	ein oder mehrere zusätzliche Feuerlöschgeräte; mindestens eines mit einem Mindestfassungsvermögen von:
≤ 3,5 Tonnen	2	4 kg	2 kg	2 kg
> 3,5 Tonnen ≤ 7,5 Tonnen	2	8 kg	2 kg	6 kg
> 7,5 Tonnen	2	12 kg	2 kg	6 kg

Das Fassungsvermögen bezieht sich auf Feuerlöschgeräte mit Pulver (bei anderen geeigneten Löschmitteln muss das Fassungsvermögen vergleichbar sein).

Die Feuerlöscher müssen leicht erreichbar angebracht sein. Bei Anbringung außen am Fahrzeug müssen sie gegen Witterungseinflüsse geschützt sein. Leichte Erreichbarkeit heißt „mit einem Griff" zu erreichen, nicht zum Beispiel im Bettkasten verstaut.

In Deutschland hergestellte Feuerlöscher müssen spätestens **alle 2 Jahre** auf Funktionssicherheit **geprüft** werden. Das Datum der **nächsten Prüfung** (Monat/Jahr) oder der Ablauf der höchstzulässigen Nutzungsdauer ist auf dem Feuerlöscher angegeben. Bei fabrikneuen in Deutschland hergestellten Feuerlöschern reicht das Herstellungsjahr ohne Monatsangabe aus. Die Prüffrist des fabrikneuen Feuerlöschers beginnt mit dem Ende des Herstellungsjahres. Beispiel: Feuerlöscher hergestellt in 05/2020 – Beginn der Prüffrist in 12/2020, Prüfung ist erforderlich in 12/2022 (Achtung, gilt nur bei innerdeutschen Beförderungen).

Für alle außerhalb Deutschlands hergestellten Feuerlöscher gelten die jeweiligen nationalen Prüffristen. Diese Feuerlöscher müssen immer mit den vorgeschriebenen Angaben (Kennzeichen mit Datum (Monat, Jahr) der nächsten Prüfung oder des Ablaufs der

höchstzulässigen Nutzungsdauer) versehen sein. Das Prüfdatum darf während der Beförderung nicht überschritten werden (z.B. Ablauf Oktober 2021, Ende der Beförderung am 2.11.2021)!

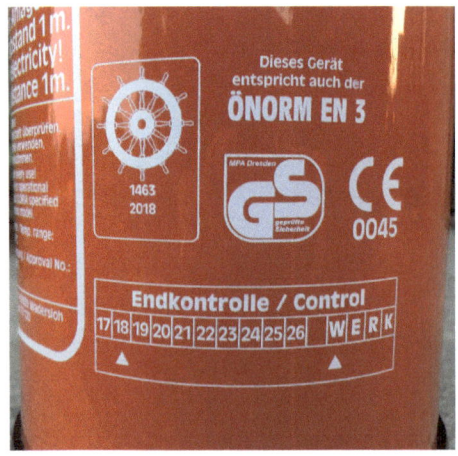

Die nebenstehende Abbildung zeigt einen in Deutschland hergestellten Feuerlöscher. Bei der ausschließlichen Beförderung in Deutschland ist die Angabe der Endkontrolle und die daraus abzuleitende Prüffrist so verwendbar.

An der vorgeschriebenen **Plombierung** ist erkennbar, dass der Feuerlöscher seit der letzten Prüfung noch nicht verwendet wurde.

4.3.1.2 Ausrüstung an Bord

- **Unterlegkeil**
  Auf Gefahrgutbeförderungseinheiten (auch Pkw!) ist grundsätzlich mindestens ein Unterlegkeil je Fahrzeug mitzuführen. Die Größe des Unterlegkeils muss zum Fahrzeuggewicht und zum Raddurchmesser passen. Der Unterlegkeil muss immer verwendet werden, wenn ein Anhänger ohne Bremsausrüstung allein abgestellt wird.

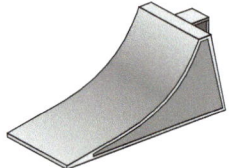

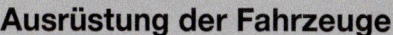
- **2 selbststehende Warnzeichen** (z.B. Warnblinkleuchten für orangefarbenes Licht oder Warndreiecke oder reflektierende Verkehrsleitkegel). Es dürfen unterschiedliche selbststehende Warnzeichen verwendet werden. Gem. StVZO in Deutschland sind mit Warnzeichen Warnleuchten und Warndreiecke im Sinne des § 53 a StVZO gemeint. Warnkegel sind in Deutschland Verkehrszeichen und gehören damit zu den Verkehrseinrichtungen. Bei der Beschaffung von Warnleuchten und Warndreiecken sollte darauf geachtet werden, dass sie bauartgenehmigt sind. Die Bauartgenehmigung ist in § 22a StVZO für Warnleuchten und Warndreiecke vorgeschrieben. Bauartgenehmigte Teile erkennt man am Prüfzeichen:

 oder  oder

- **Augenspülflüssigkeit**
  (nicht bei Gefahrzettel-Nr. 1, 1.4, 1.5, 1.6, 2.1, 2.2, 2.3)

4.3.1.3 Persönliche Schutzausrüstung für jedes Mitglied der Fahrzeugbesatzung

Damit sich die Mitglieder der Fahrzeugbesatzung im Gefahrenfall selbst schützen und andere warnen können, müssen sie eine Schutzausrüstung mitführen.

Dazu gehören:

- eine **Warnweste** (z.B. wie in EN 471:2003 + A1:2007 oder EN ISO 20471 beschrieben). Das Mitführen solcher Warnkleidung ist für gewerblich genutzte Fahrzeuge auch nach den berufsgenossenschaftlichen Unfallverhütungsvorschriften vorgeschrieben, und nicht nur bei Gefahrguttransporten.

- **Ein tragbares Beleuchtungsgerät,**
  z.B. Taschenlampe, Stirnleuchte muss so beschaffen sein, dass keine Gefahr der Entzündung der Ladung besteht. (Fahrzeuge dürfen beispielsweise nicht mit Lampen betreten werden, die eine metallene Oberfläche haben, die Funken erzeugen könnte.)
  Tragbare Beleuchtungsgeräte müssen nur dann explosionsgeschützt sein, wenn in gedeckten Fahrzeugen entzündbare Flüssigkeiten mit einem Flammpunkt bis 60 °C oder entzündbare Stoffe oder Gegenstände der Klasse 2 befördert werden.

- ein Paar **Schutzhandschuhe**

- eine **Augenschutzausrüstung**

4.3.1.4 Vorgeschriebene zusätzliche Ausrüstung für bestimmte Klassen

Wenn es in den schriftlichen Weisungen beschrieben ist, müssen die Mitglieder der Fahrzeugbesatzung auch in der Lage sein, bestimmte Maßnahmen zur Schadensbegrenzung durchzuführen. Dazu kann es erforderlich sein, eine spezielle, auf das Gefahrgut abgestimmte Schutzausrüstung mitzuführen. Diese muss folgende Ausrüstungsgegenstände umfassen:

- Bei der Beförderung von Stoffen mit **Gefahrzetteln Nr. 2.3 oder 6.1** muss für jedes Mitglied der Fahrzeugbesatzung eine **Notfallfluchtmaske** mitgeführt werden (z.B. eine Notfallfluchtmaske mit einem Gas/Staub-Kombinationsfilter des Typs A1B1E1K1-P1 oder A2B2E2K2-P2, der mit dem in der Norm EN 14387:2004 + A1:2008 – Atemschutzgeräte – Gasfilter und Kombinationsfilter – Anforderungen, Prüfung, Kennzeichnung beschriebenen vergleichbar ist).

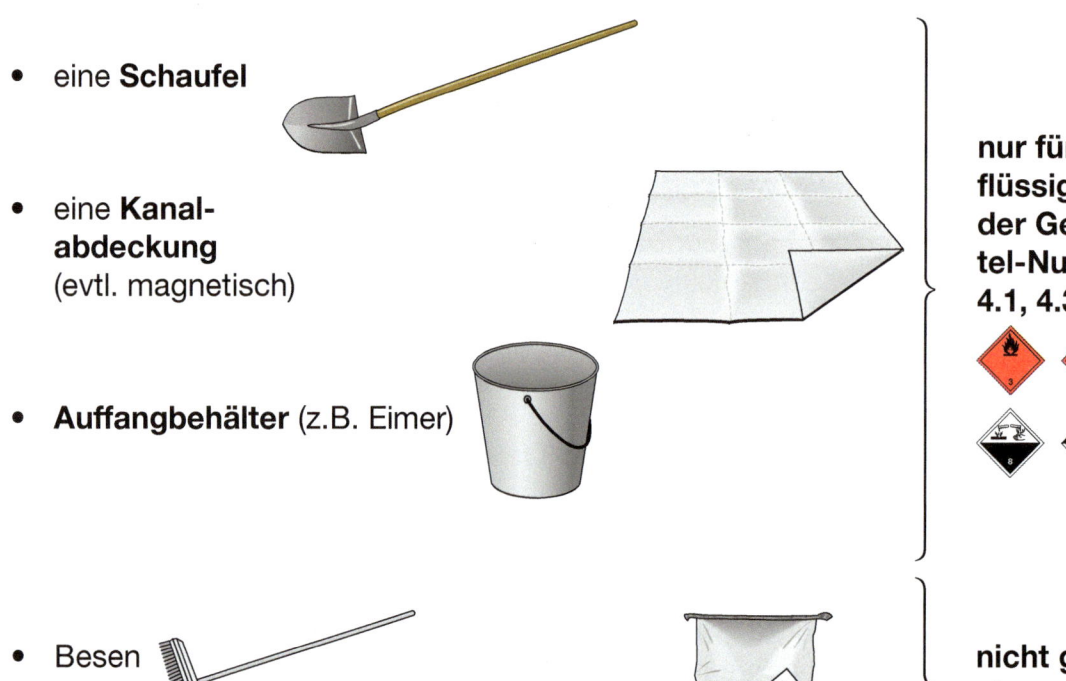

- eine **Schaufel**

- eine **Kanalabdeckung** (evtl. magnetisch)

- **Auffangbehälter** (z.B. Eimer)

nur für feste/ flüssige Stoffe der Gefahrzettel-Nummern 3, 4.1, 4.3, 8 oder 9

- Besen

- geeignetes Bindemittel

nicht gefordert, aber nützlich

Gefahrzettelmuster (Spalte 1 = Unterklasse 1.1, Unterklasse 1.2, Unterklasse 1.3)

Legende: ■ = Ausrüstung erforderlich

Ausrüstungsgegenstände	1.1	1.2	1.3	1.4	1.5	1.6	2.1	2.2	2.3	3	4.1	4.2	4.3	5.1	5.2	6.1	6.2	7	8	9
A. Beförderungseinheit																				
1 Unterlegkeil je Fahrzeug	■	■	■	■	■	■	■	■	■	■	■	■	■	■	■	■	■	■	■	■
2 selbststehende Warnzeichen	■	■	■	■	■	■	■	■	■	■	■	■	■	■	■	■	■	■	■	■
Augenspülflüssigkeit										■	■	■	■	■	■	■	■	■	■	■
B. für jedes Mitglied der Fahrzeugbesatzung																				
1 Warnweste	■	■	■	■	■	■	■	■	■	■	■	■	■	■	■	■	■	■	■	■
1 tragbares Beleuchtungsgerät	■	■	■	■	■	■	■	■	■	■	■	■	■	■	■	■	■	■	■	■
1 Paar Schutzhandschuhe	■	■	■	■	■	■	■	■	■	■	■	■	■	■	■	■	■	■	■	■
1 Augenschutzausrüstung (z. B. Schutzbrille)	■	■	■	■	■	■	■	■	■	■	■	■	■	■	■	■	■	■	■	■
C. für bestimmte Klassen vorgeschriebene zusätzliche Ausrüstung																				
Notfallfluchtmaske für jedes Mitglied der Fahrzeugbesatzung									■							■				
1 Schaufel										■	■		■						■	■
1 Kanalabdeckung										■	■		■						■	■
1 Auffangbehälter										■	■		■						■	■

■ Ausrüstung erforderlich

Die Schutzausrüstung soll das Fahrpersonal und die Umwelt vor den Gefahren des Transportgutes schützen. Der Fahrzeugführer sollte die Ausrüstungsgegenstände deshalb im Interesse seiner eigenen Sicherheit immer

– in gut gepflegtem Zustand und

– an leicht zugänglicher Stelle im Fahrerhaus aufbewahren.

Die Schutzausrüstung darf die Fahrzeugbesatzung nicht gefährden (z.B. Schutzbrille ohne Gläser, Handschuhe mit Beschädigung).

Die Schutzausrüstung ist an leicht zugänglicher Stelle mitzuführen. Der Auffangbehälter enthält Kanalabdeckung und Schutzhandschuhe. Der Feuerlöscher ist leicht zugänglich.

Für die Übergabe der persönlichen und sonstigen Schutzausrüstung sowie die Einweisung der Mitglieder der Fahrzeugbesatzung ist der **Beförderer verantwortlich**.

4.3.2 Bauliche Ausrüstung der Fahrzeuge

Besondere Anforderungen an die bauliche Ausrüstung (besondere elektrische Anlage, Brandschutzausrüstung und besondere Bremssysteme) werden im Wesentlichen nur an Fahrzeuge mit Tanks und an bestimmte Fahrzeuge zum Transport von Explosivstoffen gestellt (siehe „Aufbaukurs Tank" und „Aufbaukurs Klasse 1").

Doch auch für die Beförderung von Versandstücken, Beförderung in loser Schüttung und Beförderung unter Temperaturkontrolle sind ggf. ergänzende Vorschriften zu beachten (Kapitel 7.2, 9.4 bis 9.6 ADR).

4.4 Fürs Gedächtnis

! **Beförderungsmittel** sind Fahrzeuge.

! **Beförderungseinheiten** sind **Kraftfahrzeuge** ohne Anhänger (z.B. Pkw, Lkw) oder eine Einheit aus Kfz und Anhänger, z.B.
  - Sattelkraftfahrzeug (sog. Sattelzug)
  - Lastkraftwagenzug (sog. Gliederzug), mit der Möglichkeit, Ladung zu befördern.

! **Güterbeförderungseinheiten** (CTU) sind Fahrzeuge, Container, Tankcontainer, ortsbewegliche Tanks oder MEGC,

! Man unterscheidet **offene, bedeckte** und **gedeckte** Fahrzeuge.

! **Gefahrgutumschließungen** sind:
  - Verpackungen wie Kisten, Fässer, Kanister
  - Großpackmittel (IBC), Großverpackungen
  - Tanks wie Aufsetztanks, Tankcontainer, festverbundene Tanks
  - Schüttgut-Container (BK1, BK2, BK3, VC...)
  - Fahrzeuge, Container (VC ..., AP ...).

! Bei kennzeichnungspflichtigen Gefahrgutbeförderungen ist eine Reihe von **Ausrüstungsgegenständen** in Abhängigkeit von den Gefahrklassen mitzuführen:
  - Feuerlöscher
  - Warnweste
  - Augenspülflüssigkeit
  - tragbares Beleuchtungsgerät
  - Schutzhandschuhe
  - Augenschutzausrüstung
  - 2 selbststehende Warnzeichen
  - Unterlegkeil
  - Notfallfluchtmaske
  - Schaufel
  - Kanalabdeckung
  - Auffangbehälter

! Die Mitglieder der Fahrzeugbesatzung haben die Schutzausrüstung mitzuführen, die **in den schriftlichen Weisungen genannt** ist. Für die Übergabe an die Mitglieder der Fahrzeugbesatzung ist der Beförderer verantwortlich.

! Bei giftigen Gasen und Stoffen (2.3 und 6.1) **geeignete Notfallfluchtmaske** mitführen.

! In Deutschland hergestellte **Feuerlöscher** müssen spätestens alle 2 Jahre geprüft werden. **Menge des Löschmittels** richtet sich nach der zulässigen Gesamtmasse der Beförderungseinheit.

! Übergabe und Prüfung der Feuerlöschmittel sind Pflicht des Beförderers.

! Bei Beförderungen **unterhalb der Mengengrenzen** (1.1.3.6) lediglich 1 Feuerlöscher (mind. 2 kg) sowie Ladungssicherungsmittel und -hilfsmittel pro Beförderungseinheit.

4.5 Kontrollfragen

1. Welche Umschließungen sind Verpackungen im Sinne des ADR?

❏ A Container, IBC und Fässer

❏ B IBC, Kanister und Kisten

❏ C Silos, Flaschen und Folien

❏ D Tanks, Gasflaschen und Säcke   (4.2.1; 4.2.2.1)

2. Woran erkennt man, ob ein Feuerlöscher nach der letzten Überprüfung verwendet worden ist?

❏ A An der Prüfplakette

❏ B An der Plombierung

❏ C Am Sicherungsstift

❏ D An der Spritzdüse   (4.3.1.1)

3. In welchen Abständen müssen in Deutschland hergestellte Feuerlöscher geprüft werden, die auf Gefahrgutfahrzeugen mitgeführt werden?

❏ A Halbjährlich

❏ B Jährlich

❏ C Alle zwei Jahre

❏ D Alle fünf Jahre   (4.3.1.1)

4. Wie viele selbststehende Warnzeichen müssen bei kennzeichnungspflichtigen Gefahrguttransporten mitgeführt werden?

❏ A Keine

❏ B 1

❏ C 2

❏ D 3   (4.3.1.2)

5. Was ist eine Beförderungseinheit?

❏ A Ein Offshore-Tankcontainer mit einem Fassungsvermögen von 40 000 l

❏ B Ein IBC

❏ C Ein Kraftfahrzeug mit einem Aufbau für Ladung, der geschlossen werden kann

❏ D Ein Anhänger   (4.4)

6. Bei welchen kennzeichnungspflichtigen Gefahrgutbeförderungen ist das Mitführen einer Notfallfluchtmaske vorgeschrieben?

❏ A Bei allen Beförderungen

❏ B Nur bei Beförderungen in Tanks

❏ C Bei der Beförderung giftiger Gase und giftiger Stoffe

❏ D Nur im grenzüberschreitenden Verkehr (ADR)   (4.3.1.4)

7. Auf welchen kennzeichnungspflichtigen Gefahrgut-Beförderungseinheiten muss mindestens ein Unterlegkeil pro Fahrzeug mitgeführt werden?

❏ A Auf allen

❏ B Nur auf Tankfahrzeugen

❏ C Nur auf Fahrzeugen mit einer zulässigen Gesamtmasse von mehr als 3,5 t

❏ D Auf allen außer Pkw   (4.3.1.2)

8. Welche der nachstehenden Antworten beschreibt ein bedecktes Fahrzeug?

❏ A Ein Fahrzeug mit geschlossenem Aufbau (Kasten- oder Kofferaufbau)

❏ B Ein Fahrzeug mit Planenaufbau

❏ C Ein Tankfahrzeug

❏ D Ein Pkw   (4.1.1)

9. Welches der nachfolgend genannten Fahrzeuge kann als „offenes Fahrzeug" bezeichnet werden?

❏ A Ein Fahrzeug mit geschlossenem Aufbau (Kasten- oder Kofferaufbau)

❏ B Ein Fahrzeug mit offenem Kasten

❏ C Ein geschlossener Pkw-Kombi

❏ D Ein Silofahrzeug   (4.1.1)

10. Wovon ist die Mitführung von Ausrüstungsgegenständen auf einem Gefahrgutfahrzeug abhängig?

❏ A Von der Art des Gefahrguts und der Gefahrgutmenge

❏ B Von der Fahrstrecke

❏ C Von der Ausbildung des Fahrzeugführers

❏ D Von der zulässigen Nutzlast des Fahrzeugs (4.3)

11. Welche Gefahrgüter dürfen in loser Schüttung befördert werden?

❏ A Nur solche, für die diese Beförderungsart ausdrücklich zugelassen ist

❏ B Alle Gefahrgüter

❏ C Nur feste Gefahrgüter

❏ D Alle rieselfähigen Gefahrgüter (4.1.2)

12. Zu welcher Umschließungsart gehören IBC?

❏ A Zu Tankcontainern

❏ B Zu Tanks

❏ C Zu Gasgefäßen

❏ D Zu Verpackungen (4.2.2; 4.2.2.1)

13. Wie groß ist das Fassungsvermögen von IBC und Großverpackungen höchstens?

❏ A 450 Liter bzw. 0,45 m^3

❏ B 1000 Liter bzw. 1 m^3

❏ C 3000 Liter bzw. 3 m^3

❏ D 5000 Liter bzw. 5 m^3 (4.2.2.1; 4.2.2.2)

14. Wie viele tragbare Beleuchtungsgeräte müssen sich auf einer kennzeichnungspflichtigen Beförderungseinheit befinden?

❏ A Für jedes Mitglied der Fahrzeugbesatzung eines

❏ B Je eines auf dem Lkw und dem Anhänger

❏ C Grundsätzlich zwei

❏ D Eines reicht grundsätzlich aus (4.3.1.3)

15. **Wie muss die Schutzausrüstung beschaffen sein?**

❏ A Dazu gibt es keine Vorschriften.

❏ B Die Schutzausrüstung darf die Mitglieder der Fahrzeugbesatzung nicht gefährden.

❏ C Die Schutzausrüstung kann ruhig feucht gelagert werden.

❏ D Dies ist Sache des Fahrzeugführers. (4.3.1.4)

16. **Welche der nachfolgenden Beschreibungen stellt eine zusammengesetzte Verpackung dar?**

❏ A Kanister aus Metall

❏ B Großpackmittel (IBC)

❏ C Kombination aus einer oder mehreren Innenverpackungen in einer Außenverpackung

❏ D Kunststoffinnengefäß in einer Außenverpackung aus Metall (4.2.1)

17. **Welche der nachfolgenden Antworten beschreibt eine Umverpackung?**

❏ A Umverpackungen sind besondere Verpackungen, die unfallsicher ausgeführt sind und ausschließlich radioaktiven Stoffen vorbehalten sind.

❏ B Als Umverpackungen werden alle Verschläge bezeichnet, die Güter zur leichteren Handhabung zusammenfassen und gegen Diebstahl schützen.

❏ C Eine stabile Kiste aus Pappe, in der Versandstücke mit Gefahrgut zur leichteren Handhabung zusammengefasst worden sind.

❏ D Umverpackungen werden ausschließlich zur Verpackung von Gasflaschen gebraucht. (4.2.2.5)

18. **Welche der nachfolgenden Beschreibungen passt zu einem Kryo-Behälter?**

❏ A Ein Kryo-Behälter ist ein beschädigtes Versandstück.

❏ B Ein Kryo-Behälter ist ein wärmeisoliertes Druckgefäß für tiefgekühlt verflüssigte Gase mit einem Fassungsraum von maximal 1000 Litern.

❏ C Ein Kryo-Behälter ist eine Gasflasche zum Transport erwärmter Stoffe.

❏ D Ein Kryo-Behälter ist ein Container. (4.2.2.4)

19. Welche Abbildung zeigt einen Tankcontainer/ortsbeweglichen Tank?

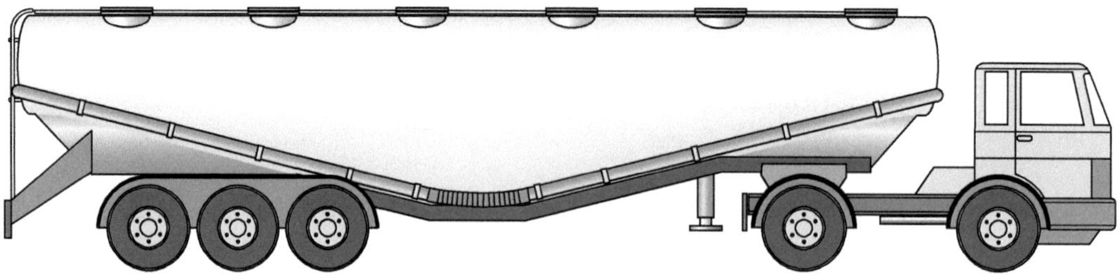

❑ A

❑ B

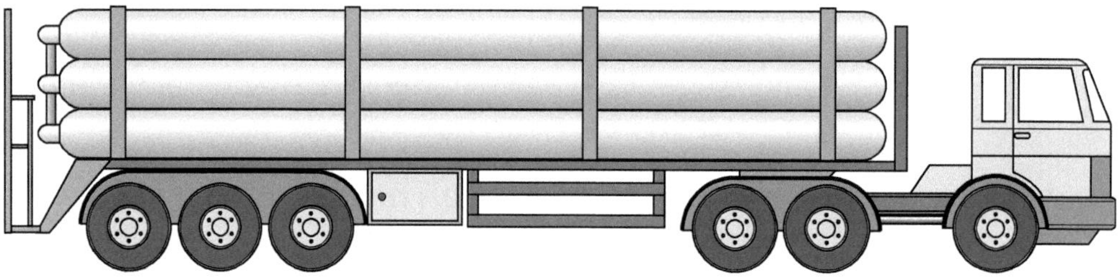

❑ C

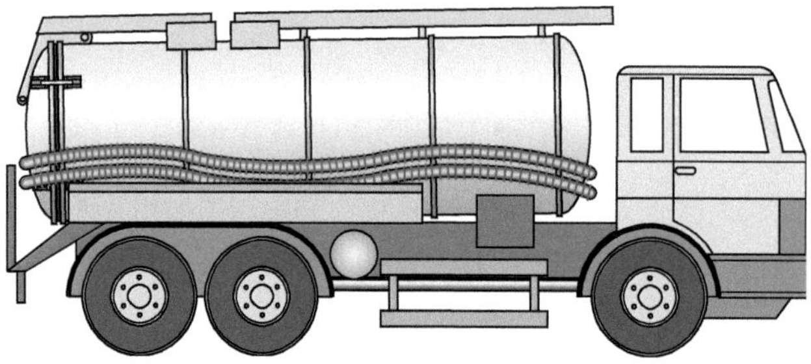

❑ D

(4.1.2)

20. Welche Aussage trifft auf eine Kombinationsverpackung zu?

❑ A Kombinationsverpackungen bestehen aus einer Innen- und einer Außen-verpackung.

❑ B Kombinationsverpackungen bestehen aus einem Innengefäß in einer äuße-ren Verpackung. Beide Gefäße sind fest miteinander verbunden.

❑ C Kombinationsverpackungen sind besondere Einzelverpackungen.

❑ D Kombinationsverpackungen sind Großpackmittel. (4.2.1)

21. Welche Abbildung zeigt einen Schüttgut-Container der Codierung BK1 bzw. VC1?

❏ A

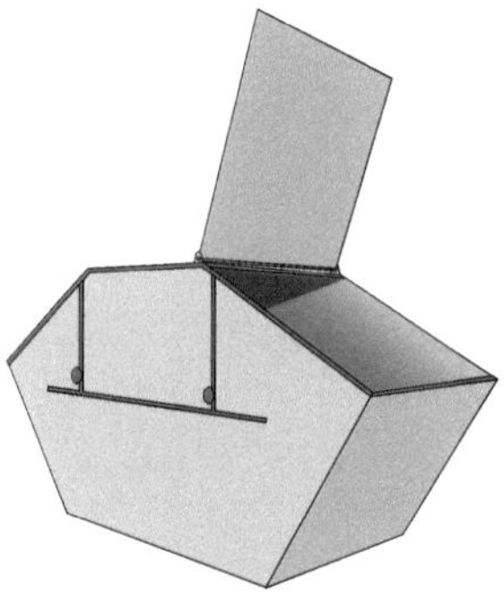

❏ B

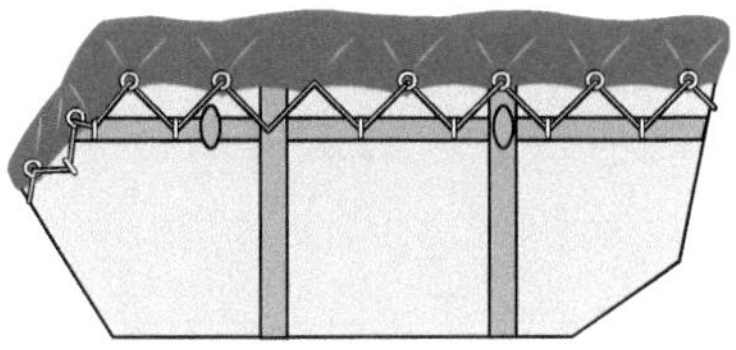

❏ C

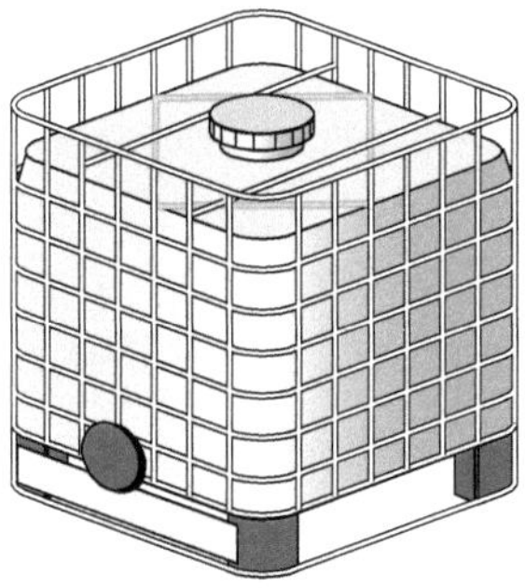

❏ D

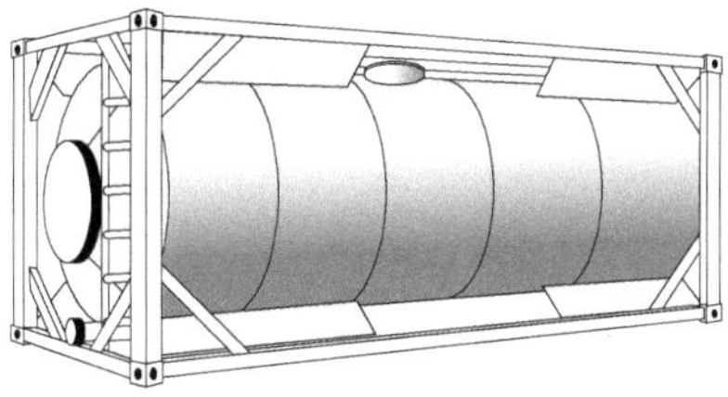

(4.1.2)

22. Sie haben eine Beförderungseinheit mit einer zulässigen Gesamtmasse von 7,5 Tonnen. Wie viele Feuerlöscher mit welchem Fassungsvermögen müssen Sie bei kennzeichnungspflichtigen Beförderungen von Gefahrgütern mitführen?

❏ A Ich muss lediglich einen Feuerlöscher mit einem Löschvermögen von 12 kg mitführen.

❏ B Ich muss zwei Feuerlöscher mitführen, beide müssen ein Löschvermögen von insgesamt 4 kg haben.

❏ C Ich muss zwei Feuerlöscher mitführen, der erste Feuerlöscher muss ein Löschvermögen von 6 kg aufweisen, der zweite muss 2 kg Löschvermögen haben.

❏ D Ich muss zwei Feuerlöscher mitführen, der erste Feuerlöscher muss ein Löschvermögen von 2 kg aufweisen, der zweite muss ein Löschvermögen von 6 kg haben.

(4.3.1.1)

23. Welche der nachfolgenden Beschreibungen stellt keine zusammengesetzte Verpackung dar?

❏ A Kombination aus Druckgaspackungen in einer Außenverpackung

❏ B Mehrere Versandstücke in einer Umverpackung

❏ C Kombination aus Kanistern in einer Kiste aus Pappe

❏ D Mehrere Innenverpackungen in einer Außenverpackung   (4.2.1; 4.2.2.5)

24. Welche der nachfolgenden Aussagen beschreiben einen Tankcontainer/ ortsbeweglichen Tank?

❏ A Tank im Rahmenbauwerk

❏ B Tank im Rahmenbauwerk; bei Gasen hat der Tankcontainer ein Mindestfassungsvermögen von 300 l.

❏ C Ein Beförderungsgerät, das aus einem Tankkörper und den Ausrüstungsteilen besteht, einschließlich der Einrichtungen, die das Umsetzen des Tankcontainers erlauben, und das für die Beförderung von gasförmigen, flüssigen, pulverförmigen oder körnigen Stoffen verwendet wird.

❏ D Ein Beförderungsgerät, das aus einem Tankkörper und den Ausrüstungsteilen besteht, einschließlich der Einrichtungen, die das Umsetzen des Tankcontainers erlauben, und das für die Beförderung von gasförmigen, flüssigen, pulverförmigen oder körnigen Stoffen verwendet wird; bei der Beförderung von Gasen der Klasse 2 hat der Tankcontainer einen Fassungsraum von mehr als 450 l.   (4.2.3)

25. Wer muss dem Fahrzeugführer die persönliche und sonstige Schutzausrüstung mitgeben?

❏ A Absender

❏ B Verlader

❏ C Beförderer

❏ D Auftraggeber des Beförderers   (4.3.1.4, 7.1.3)

26. Wie nennt man die Beförderungsart, bei der Gefahrgüter unverpackt befördert werden?

❏ A Kipperladung

❏ B Lose Schüttung

❏ C Tanktransport

❏ D Containerbeförderung   (4.1; 4.1.2)

27. **Welche der nachfolgenden Antworten beschreibt einen MEGC?**

❏ A Es handelt sich bei MEGC um besondere Druckflaschen.

❏ B MEGC sind Druckfässer.

❏ C Flaschen, die durch ein Sammelrohr miteinander verbunden sind und in einem Rahmen montiert sind.

❏ D Ein nicht nachfüllbares Gefäß mit einem Fassungsraum von höchstens 1000 ml.   (4.2.3)

28. **Welche Bedeutung hat die Aufschrift „UMVERPACKUNG" auf einer Palette?**

❏ A Der Inhalt der Umverpackung muss vom Fahrer vor Beförderungsbeginn umgepackt werden.

❏ B Der Verpacker bestätigt, dass die Versandstücke in der Umverpackung den Vorschriften entsprechen und die Versandstücke in der Umverpackung gegen Verrutschen gesichert sind.

❏ C Der Fahrer muss vor Beförderungsbeginn die Umverpackung durch den Gefahrgutbeauftragten prüfen lassen.

❏ D Bei der Beförderung von Umverpackungen gilt immer ein Rauchverbot.   (4.2.2.5; 5.1.2)

29. **Welche Aussage beschreibt die Geschlossene Ladung?**

❏ A Diesen Begriff gibt es im Gefahrgutbereich nicht.

❏ B Es handelt sich um eine Sammelladung in einem gedeckten Fahrzeug.

❏ C Eine Ladung gefährlicher Güter, bei denen nur der Empfänger Anweisungen zur Entladung erteilen darf.

❏ D Eine Ladung gefährlicher Güter, die ausschließlich von einem Absender stammt.   (4.1)

5 Kennzeichnung, Bezettelung und orangefarbene Tafeln

5.1 Kennzeichnung und Bezettelung von Versandstücken

5.1.1 Bezettelung von Versandstücken

Versandstücke einschließlich Großpackmittel (IBC) und Großverpackungen, die Gefahrgüter enthalten, werden in der Regel mit **Gefahrzetteln** gekennzeichnet.

Gefahrzettel sind auf die Spitze gestellte quadratische Aufkleber (oder Schilder), die jeden mit allgemein verständlichen Gefahrsymbolen auf das gefährliche Versandstück aufmerksam machen. Im unteren Teil des Zettels befindet sich eine Ziffer, die auf die Nummer der Gefahrklasse hinweist, z.B. 3 (entzündbare flüssige Stoffe). Die Gefahrzettel auf Versandstücken müssen in der Regel 10 cm x 10 cm groß sein. Sie dürfen dann verkleinert werden, wenn die Anbringung in dieser Größe bei kleineren Versandstücken nicht möglich ist. Symbole, Text und Ziffern der Gefahrzettel müssen gut lesbar und unauslöschbar sein, also keine beschädigten Gefahrzettel akzeptieren!

 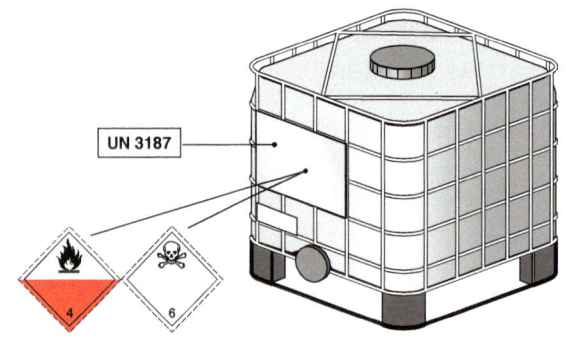 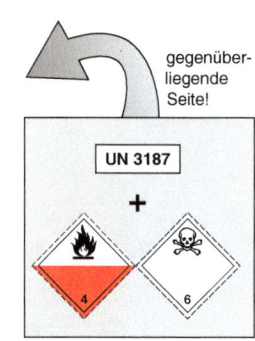

In den meisten Fällen ist auf dem Versandstück **ein** Gefahrzettel angebracht. Großpackmittel **(IBC)** > 450 l und Großverpackungen müssen auf **zwei gegenüberliegenden Seiten** bezettelt sein.

Wenn Versandstücke mit mehreren unterschiedlichen Gefahrzetteln gekennzeichnet sind, so bedeutet das entweder, dass in dem Versandstück **ein Stoff** enthalten ist, von dem **mehrere Gefahren** ausgehen,

oder

es sind **mehrere Güter** mit **jeweils unterschiedlichen Gefahren** in dem Versandstück enthalten. (Achtung: Unterschiedliche Gefahrgüter dürfen in einem Versandstück nur dann zusammengepackt werden, wenn dies ausdrücklich erlaubt ist.)

5.1.2 Kennzeichnung von Versandstücken

Damit im Gefahrfall die Inhalte von Versandstücken schnell festgestellt werden können, tragen die Versandstücke ein Kennzeichen. Es besteht aus den Buchstaben **UN** und der **UN-Nummer** des betreffenden Gefahrguts. Auf Großpackmitteln (IBC) und Großverpackungen ist das Kennzeichen auf zwei gegenüberliegenden Seiten angebracht.

Die Zeichenhöhe muss bei Versandstücken

– mit einem Fassungsraum von höchstens 5 l oder 5 kg eine angemessene Größe aufweisen,

– mit Fassungsraum von höchstens 30 l/30 kg mindestens 6 mm und

– bei allen größeren Gebinden 12 mm betragen.

Versandstücke mit **begrenzten Mengen** von gefährlichen Gütern, die unter den Bedingungen der sogenannten **Limited Quantities (LQ)** befördert werden und deshalb weitgehend von den Gefahrgutvorschriften befreit sind, werden in besonderer Weise gekennzeichnet:

Der mittlere Bereich des Kennzeichens muss entweder weiß sein oder sich ausreichend vom Hintergrund abheben.

Versandstücke mit **freigestellten Mengen** sind ebenfalls weitgehend von den Gefahrgutvorschriften freigestellt und werden mit dem nebenstehenden Kennzeichen versehen.

* Angabe der Hauptgefahr, z.B. „3"

** Angabe des Empfängers oder Absenders, wenn nicht auf dem Versandstück gesondert angegeben

Versandstücke, die das Kennzeichen **„UN 1950 AEROSOLE"** tragen, enthalten sogenannte Druckgaspackungen (Spraydosen).

Ein Versandstück mit diesen **Ausrichtungspfeilen** enthält zusammengesetzte Verpackungen mit flüssigen Stoffen, belüftete Einzelverpackungen, Kryo-Behälter oder Maschinen oder Geräte, die flüssige gefährliche Güter enthalten. Ausrichtungspfeile auf zwei gegenüberliegenden Seiten müssen immer vorhanden sein, wenn flüssige Güter in zusammengesetzten Verpackungen ohne Erkennbarkeit der Verschlüsse oder Verpackungen mit Lüftungseinrichtungen verwendet werden.

Für **Gasflaschen** ist die sog. „Banane" erlaubt. Es handelt sich hier um verkleinerte Gefahrzettel, die zusammen mit Sicherheitshinweisen, Stoffbenennung und ggf. weiteren Kennzeichen (z.B. für umweltgefährdende Stoffe) auf der Flaschenschulter aufgebracht werden.

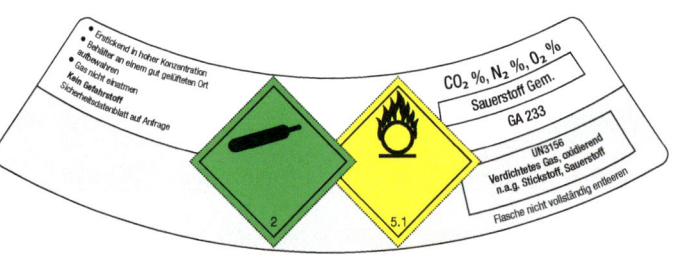

Weitere Angaben auf den Gasflaschen wie die technische Benennung des Gases können erforderlich sein.

Versandstücke und Umverpackungen mit umweltgefährdenden Stoffen sind zusätzlich zu den Gefahrzetteln mit dem nebenstehenden **Kennzeichen für umweltgefährdende Stoffe** zu versehen.
Ausnahme: Einzel- oder Innenverpackungen ≤ 5 l oder ≤ 5 kg müssen nicht mit dem Kennzeichen versehen werden.

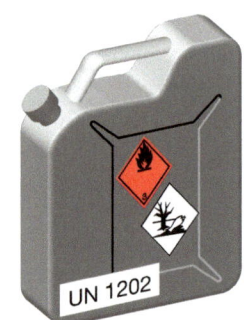

Versandstücke, die Trockeneis (UN 1845) enthalten, müssen mit der Angabe „KOHLENDIOXID, FEST" oder „TROCKENEIS" gekennzeichnet werden.

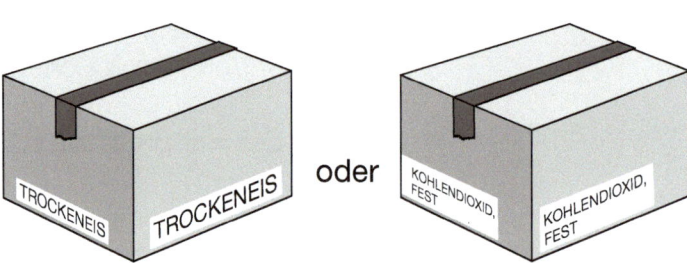

oder

Besondere Ausnahme bei UN 3077 und UN 3082

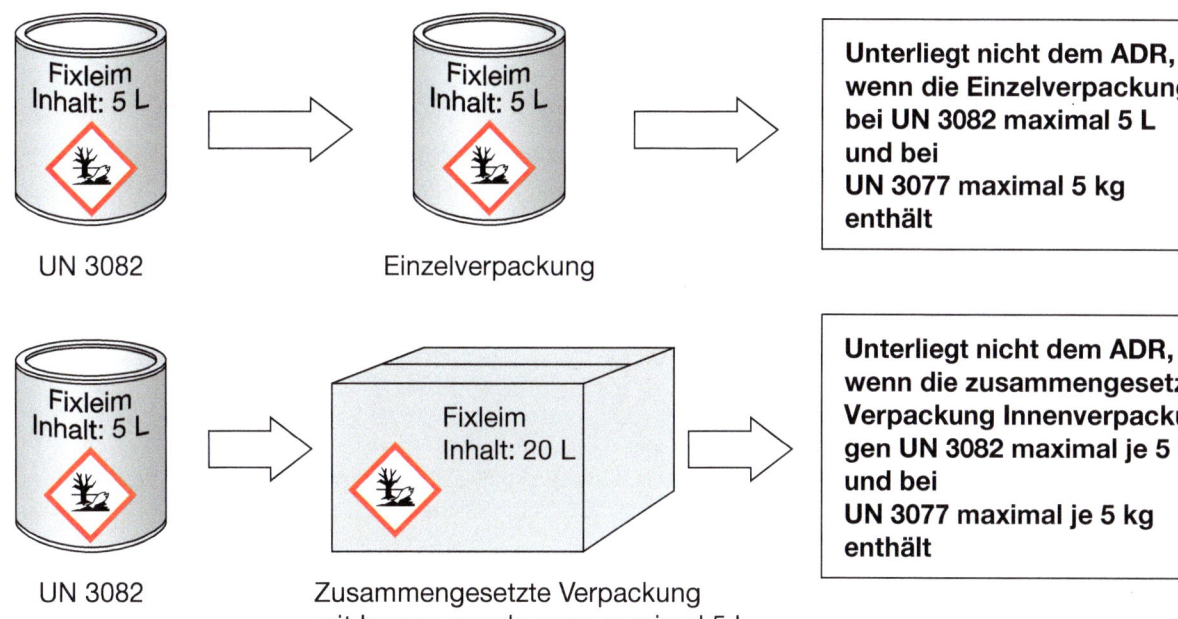

UN 3082 — Einzelverpackung

> **Unterliegt nicht dem ADR,** wenn die Einzelverpackung bei UN 3082 maximal 5 L und bei UN 3077 maximal 5 kg enthält

UN 3082 — Zusammengesetzte Verpackung mit Innenverpackungen maximal 5 L

> **Unterliegt nicht dem ADR,** wenn die zusammengesetzte Verpackung Innenverpackungen UN 3082 maximal je 5 L und bei UN 3077 maximal je 5 kg enthält

Umverpackungen

Umverpackungen müssen mit dem Ausdruck „UMVER-PACKUNG" (mind. 12 mm hoch) **und** für jedes enthaltene gefährliche Gut mit der UN-Nummer („UN" vorangestellt) gekennzeichnet, mit den entsprechenden Gefahrzetteln und ggf. mit den vorgeschriebenen Kennzeichen (z.B. für umweltgefährdende Stoffe, für freigestellte Lithium-Batterien, Ausrichtungspfeile) versehen sein, es sei denn, die Kennzeichen und Gefahrzettel für alle Güter bleiben durch die Umverpackung hindurch deutlich sichtbar.

Ausrichtungspfeile sind auf Umverpackungen immer auf **2 gegenüberliegenden Seiten** anzubringen, wenn sich auf den in der Umverpackung enthaltenen Versandstücken diese Kennzeichen befinden.

Merke

✔ Umverpackungen sind immer dann zu kennzeichnen, wenn die darin enthaltenen Gefahrzettel, UN-Nummern und ggf. Kennzeichen nicht deutlich durch die Umverpackung zu erkennen sind.

5.1.3 Gefahrzettel

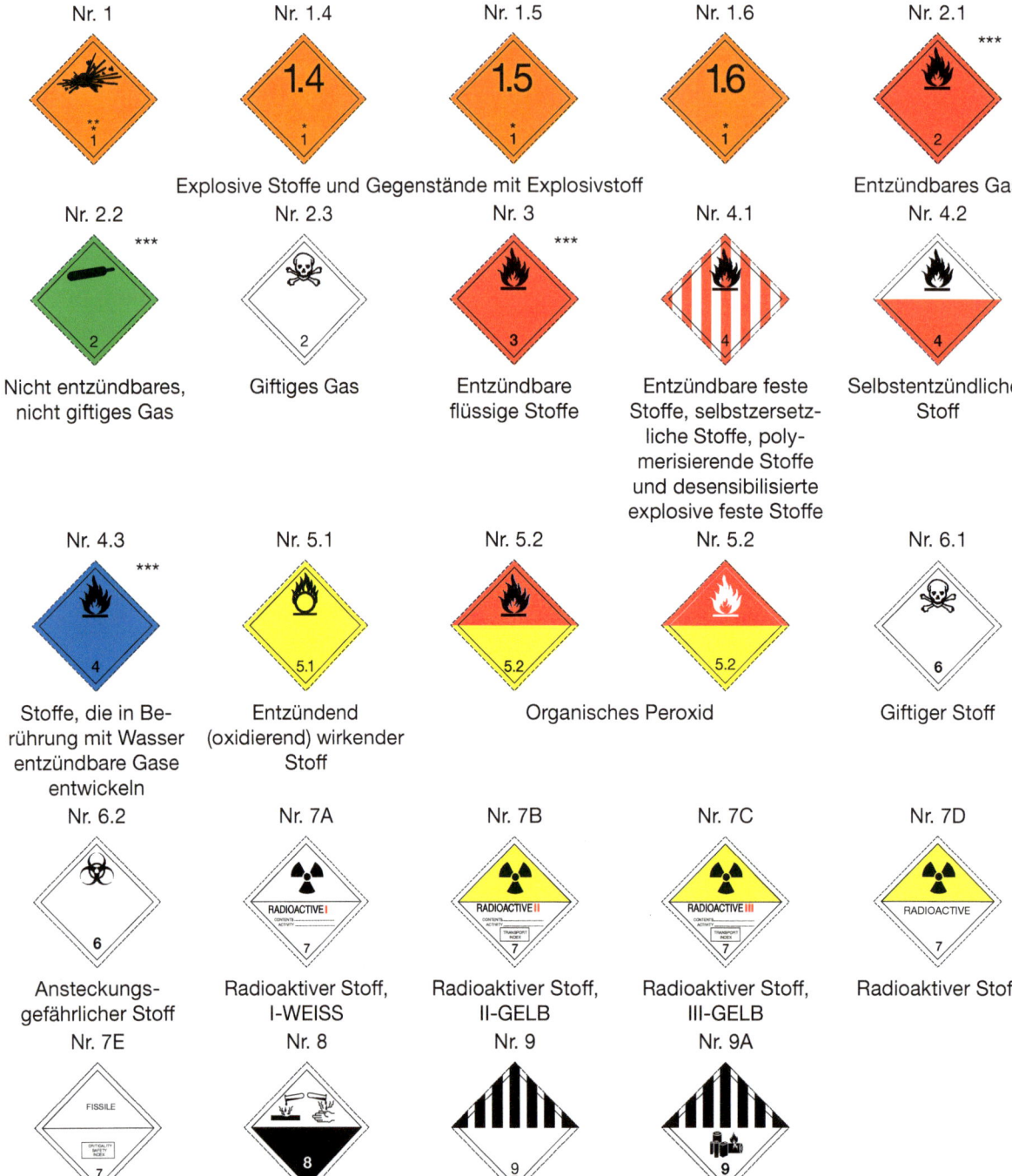

Nr. 1	Nr. 1.4	Nr. 1.5	Nr. 1.6	Nr. 2.1

Explosive Stoffe und Gegenstände mit Explosivstoff — Entzündbares Gas

Nr. 2.2	Nr. 2.3	Nr. 3	Nr. 4.1	Nr. 4.2

Nicht entzündbares, nicht giftiges Gas — Giftiges Gas — Entzündbare flüssige Stoffe — Entzündbare feste Stoffe, selbstzersetzliche Stoffe, polymerisierende Stoffe und desensibilisierte explosive feste Stoffe — Selbstentzündlicher Stoff

Nr. 4.3	Nr. 5.1	Nr. 5.2	Nr. 5.2	Nr. 6.1

Stoffe, die in Berührung mit Wasser entzündbare Gase entwickeln — Entzündend (oxidierend) wirkender Stoff — Organisches Peroxid — Giftiger Stoff

Nr. 6.2	Nr. 7A	Nr. 7B	Nr. 7C	Nr. 7D

Ansteckungsgefährlicher Stoff — Radioaktiver Stoff, I-WEISS — Radioaktiver Stoff, II-GELB — Radioaktiver Stoff, III-GELB — Radioaktiver Stoff

Nr. 7E	Nr. 8	Nr. 9	Nr. 9A

Spaltbarer Stoff — Ätzender Stoff — (Lithiumbatterien) Verschiedene gefährliche Stoffe und Gegenstände

Hinweis: Ein zusätzlicher Text im Gefahrzettel, z.B. „Flammable Liquid" oder die UN-Nummer, ist erlaubt.

---

*) Angabe der Verträglichkeitsgruppe
**) Angabe der Unterklasse
***) Das Symbol und die Ziffer dürfen auch weiß sein.

5.1.4 Kennzeichen

Ausrichtungspfeile

Umweltgefährdende Stoffe

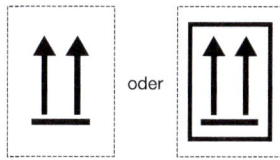

oder

Oben (schwarz oder rot)

Erwärmte Stoffe

In begrenzten Mengen verpackte
gefährliche Güter

In freigestellten Mengen
verpackte Güter

Kennzeichen für
Lithiumbatterien

* Platz für die UN-Nummer(n)
** Platz für die Telefonnummer,
unter der zusätzliche Informationen
zu erhalten sind (Im Straßenverkehr
ist die Telefonnummer nicht gefordert, darf aber angegeben werden.)

5.2 Kennzeichnung und Bezettelung der Fahrzeuge

Kennzeichnung
Fahrzeug und Container
(Großzettel)

Kennzeichnung
Beförderungseinheit
(Orangefarbene Tafeln)

5.2.1 Bezettelung der Fahrzeuge

Bei der Beförderung von Gefahrgütern **in Tanks, in loser Schüttung oder in Schüttgut-Containern** sind die Fahrzeuge an den beiden Längsseiten und am Heck mit Großzetteln (Placards) zu kennzeichnen. Werden Versandstücke mit Gefahrgütern oder Güter in loser Schüttung in einem Container oder Schüttgut-Container befördert, so werden die Großzettel an allen vier Seiten des Ladungsträgers (Containers) angebracht. Großzettel sind vergrößerte Gefahrzettel (Mindestgröße 25 x 25 cm). Englisch nennt man sie „placards".

Die Großzettel müssen vor einem Hintergrund mit kontrastierender Farbe angebracht werden oder müssen eine gestrichelte oder durchgehende äußere Begrenzungslinie aufweisen. Zudem müssen sie witterungsbeständig sein und eine dauerhafte Kennzeichnung während der gesamten Beförderung gewährleisten.

Negativbeispiel

Werden Großzettel auf Klappgestellen angebracht, dürfen die Gestelle während der Beförderung nicht umklappen oder sich lösen.

5.2.2 Kennzeichnung mit orangefarbenen Tafeln

Zur Erhöhung der Aufmerksamkeit anderer Verkehrsteilnehmer werden Beförderungseinheiten grundsätzlich mit orangefarbenen Tafeln gekennzeichnet. Andere Verkehrsteilnehmer sollen sich gegenüber den mit orangefarbenen Tafeln gekennzeichneten Beförderungseinheiten umsichtiger verhalten. Die orangefarbenen Tafeln mit Kennzeichnungsnummern (oben Nummer zur Kennzeichnung der Gefahr/unten UN-Nummer) geben darüber hinaus den Unfallhilfsdiensten nach einem Unfall wertvolle Hinweise.

Durch die orangefarbenen Tafeln unterscheiden sich Beförderungseinheiten mit Gefahrgut von den übrigen Verkehrsteilnehmern und können deshalb bei Kontrollen und Unfällen leichter erkannt werden.

Ausnahme: Orangefarbene Tafeln sind **nicht erforderlich** an Beförderungseinheiten, die lediglich **Mengen unterhalb der höchstzulässigen Mengen** nach Tabelle 1.1.3.6.3 ADR (*siehe Seite 153*) in Versandstücken befördern. Das Öffnen der Tafeln ist zulässig, dann sind jedoch sämtliche Vorschriften zur Beförderung gefährlicher Güter uneingeschränkt zu beachten.

Die orangefarbenen Tafeln haben eine Größe von 40 cm Breite mal 30 cm Höhe (± 10% Toleranz).

Sie müssen senkrecht zur Fahrzeuglängsachse angebracht werden, und die Befestigung muss mindestens 15 Minuten einer Feuereinwirkung widerstehen. Bei Verwendung von klappbaren orangefarbenen Tafeln dürfen diese sich während der Beförderung nicht lösen (zusätzliche Sicherung beispielsweise durch ein Schloss). Bei der Verwendung von auswechselbaren Ziffern müssen die Tafeln bzw. die Ziffern gegen Herausrutschen oder Herausfallen gesichert werden (z.B. durch Schrauben, Schloss).

5.2.2.1 Pkw mit und ohne Anhänger

An Fahrzeugen, an denen keine ausreichende Fläche für die Anbringung einer großen orangefarbenen Tafel vorhanden ist (z.B. Pkw), dürfen auch kleinere orangefarbene Tafeln angebracht werden (mind. 300 × 120 mm). Dies kann auch für Wechselbrückenfahrzeuge zutreffen, die über eine zusätzliche klappbare Hubbühne verfügen.

Der **Fahrzeugführer** ist dafür verantwortlich, dass die vorgeschriebenen orangefarbenen Tafeln – erforderlichenfalls mit Kennzeichnungsnummern – an den Beförderungseinheiten **geöffnet** sind. Ebenso muss er dafür sorgen, dass die orangefarbenen Tafeln **verdeckt** oder **entfernt** sind, wenn kein Gefahrgut befördert wird. Diese orangefarbenen Tafeln werden vorne und hinten an der Beförderungseinheit angebracht, also bei Zügen vorne am Zugfahrzeug und hinten am Anhänger.

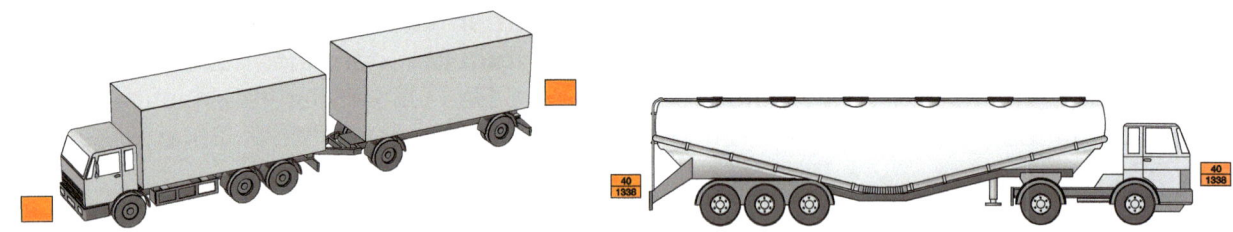

5.2.2.2 Übersicht Kennzeichnung mit orangefarbenen Tafeln und Großzetteln an Beförderungseinheiten

Beförderungseinheit mit Gefahrgütern in Versandstücken	Beförderungseinheit mit Gefahrgütern in loser Schüttung	Beförderungseinheit mit Gefahrgütern in Tanks
neutrale orangefarbene Tafeln	neutrale orangefarbene Tafeln und orangefarbene Tafeln mit Ziffern	Neutrale orangefarbene Tafeln und orangefarbene Tafeln mit Ziffern
nur Klasse 1	nur 1 Gefahrgut (alternativ)	nur 1 Gefahrgut (alternativ)
nur Klasse 7		bestimmte Mineralölprodukte

Die „Überkennzeichnung" mit orangefarbenen Tafeln mit Ziffern am Anfang und am Ende sowie an den Seiten der Beförderungseinheit ist zulässig.

Merke

✔ Bei der Beförderung von Mengen unterhalb der höchstzulässigen Mengen (nach Tabelle 1.1.3.6.3 ADR) **dürfen** orangefarbene Tafeln geöffnet sein.

Bei der Anbringung der orangefarbenen Tafeln ist auf Sicherung gegen Herausfallen zu achten.

Möglichkeit der Sicherung der orangefarbenen Tafel

Beim Abstellen von Anhängern, die Gefahrgüter in Mengen oberhalb der Freigrenzen 1.1.3.6 ADR enthalten, muss die an der Heckseite des Anhängers geöffnete orangefarbene Tafel geöffnet bleiben. (Hinweis: Bitte an die verbleibende Beförderungseinheit denken!).

Umweltgefährdende Stoffe

Wenn das Anbringen von Großzetteln (Placards) vorgeschrieben ist, so müssen Container, Schüttgut-Container, MEGC, Tankcontainer, ortsbewegliche Tanks und Fahrzeuge mit umweltgefährdenden Stoffen zusätzlich mit dem **Kennzeichen für umweltgefährdende Stoffe** gekennzeichnet werden.

Kennzeichen für erwärmte Stoffe

Bei der Beförderung erwärmter Stoffe sind die entsprechenden Fahrzeuge an beiden Seiten und hinten, die entsprechenden Container, Tankcontainer oder ortsbeweglichen Tanks an allen vier Seiten mit dem roten Temperaturdreieck zu kennzeichnen.

5.2.3 Besonderheiten

5.2.3.1 Container

Im Straßenverkehr können an Containern, die Versandstücke unter Einhaltung der Regelung in 1.1.3.6 ADR befördern, Großzettel weggelassen werden. Sind die Mengengrenzen nach 1.1.3.6 ADR überschritten, müssen die entsprechenden Großzettel am Container **an beiden Längsseiten und an Heck- und Stirnseite** angebracht werden.

Im Seeverkehr müssen an Containern mit Versandstücken immer die entsprechenden Großzettel, unabhängig von der enthaltenen Menge, angebracht werden.

Auf die Kennzeichnung mit orangefarbenen Tafeln darf im Vor- und Nachlauf Seeverkehr verzichtet werden, wenn folgende Bedingungen vorliegen:

– Einhaltung der Mengengrenzen nach 1.1.3.6 ADR
– Eintrag im Beförderungsdokument „Beförderung nach Absatz 1.1.4.2.1"
– Angabe der beförderten Menge und des ausgerechneten Punktewerts je Beförderungskategorie.

Hinweis: Wechselaufbauten im ausschließlichen Straßenverkehr müssen nicht plakatiert werden wie Container.

Im kombinierten Verkehr (Straße/Schiene) werden **Wechselaufbauten** zu Containern und sind damit zu bezetteln. Dadurch wird erreicht, dass auf das Gefahrgut auch dann hingewiesen wird, wenn der Container übergeben oder übernommen wird.

Lkw mit Anhänger (jeweils mit Wechselaufbau)

5.2.3.2 Bedeckte und gedeckte Fahrzeuge mit Tankcontainer, ortsbeweglichem Tank bzw. MEGC

a) Tankcontainer, ortsbeweglicher Tank, MEGC mit einem **Einzelfassungsraum von maximal 3000 Litern**

b) Tankcontainer, ortsbeweglicher Tank, MEGC mit einem **Einzelfassungsraum von mehr als 3000 Litern**

> **Merke**
>
> ✔ Großzettel immer – seitliche orangefarbene Tafeln mit Nummern nur bei Einzel-fassungsraum > 3000 l
> ✔ Aber neutrale orangefarbene Tafeln vorn und hinten immer!

5.2.3.3 Bedeutung der Kennzeichnungsnummern auf den orangefarbenen Tafeln

Die Nummer zur **Kennzeichnung der Gefahr** im **oberen Teil** der orangefarbenen Tafel dient den Unfallhilfsdiensten als Groborientierung. Sie können sofort anhand der Ziffern erkennen, welche Gefahren (z.B. Ätzwirkung, Entzündbarkeit, ...) von dem Stoff ausgehen. Die Nummern zur Kennzeichnung der Gefahr orientieren sich an der Nummerierung der Klassen, die die Stoffe mit entsprechenden Eigenschaften enthalten.

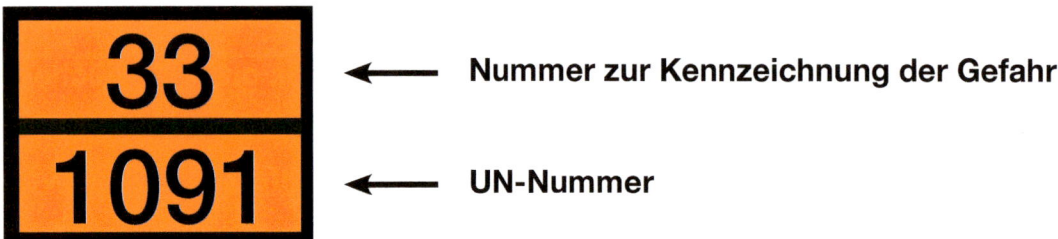

Nummer zur Kennzeichnung der Gefahr

UN-Nummer

Beispiel:

Stoffe der Klasse **3** sind entzündbare flüssige Stoffe.

Eine Ziffer **3** auf der oberen Hälfte der orangefarbenen Tafel bedeutet: Entzündbarkeit von Flüssigkeiten. Die auf der orangefarbenen Tafel gezeigte Nummer „33" zeigt eine Besonderheit: Durch die Verdopplung der ersten Ziffer wird eine Zunahme der Hauptge-fahr angezeigt.

Im **unteren Teil** der Tafel befindet sich die Nummer zur **Kennzeichnung des Stoffes** (UN-Nummer). Sie dient den Unfallhilfsdiensten zum Herausfinden des richtigen Stoffes, sie ist identisch mit einer Nummer, die weltweit für den gleichen Stoff gilt und von den Vereinten Nationen (United Nations – UN) für jeden Stoff festgelegt wird.

Kennzeichnungsnummern, d.h. Nummern zur Kennzeichnung der Gefahr und UN-Num-mern, werden für bestimmte Stoffe in 5.3.2 ADR in Verbindung mit dem **Gefahrgut-Verzeichnis** des ADR verbindlich vorgeschrieben.

> **Merke**
>
> ✔ Niemals falsche Nummern verwenden, weil dann bei Unfällen falsche Maßnah-men eingeleitet werden!!!

Bedeutung der Nummern zur Kennzeichnung der Gefahr

Die Nummer zur Kennzeichnung der Gefahr besteht in der Regel aus 2 oder 3 Ziffern, die im allgemeinen auf folgende Gefahren hinweisen:

2	Entweichen von Gas durch Druck oder chemische Reaktion
3	Entzündbarkeit von flüssigen Stoffen (Dämpfen) und Gasen oder selbsterhitzungsfähiger flüssiger Stoff
4	Entzündbarkeit von festen Stoffen oder selbsterhitzungsfähiger fester Stoff
5	Oxidierende (brandfördernde) Wirkung
6	Giftigkeit oder Ansteckungsgefahr
7	Radioaktivität
8	Ätzwirkung
9	Gefahr einer spontanen heftigen Reaktion

Besonderheiten:

Verdopplung einer Ziffer	→	Zunahme der entsprechenden Gefahr
Null angefügt	→	Gefahr wird durch eine Ziffer ausreichend angegeben
X vorangestellt	→	Stoff reagiert in gefährlicher Weise mit Wasser!*)

22	tiefgekühlt verflüssigtes Gas, erstickend
238	entzündbares Gas, ätzend
28	ätzendes Gas
X323	entzündbarer flüssiger Stoff, der mit Wasser gefährlich reagiert und entzündbare Gase bildet
X333	pyrophorer flüssiger Stoff, der mit Wasser gefährlich reagiert
X423	fester Stoff, der mit Wasser gefährlich reagiert und entzündbare Gase bildet, oder entzündbarer fester Stoff, der mit Wasser gefährlich reagiert und entzündbare Gase bildet oder selbsterhitzungsfähiger fester Stoff, der mit Wasser gefährlich reagiert und entzündbare Gase bildet
44	entzündbarer fester Stoff, der sich bei erhöhter Temperatur in geschmolzenem Zustand befindet
539	entzündbares organisches Peroxid
90	umweltgefährdender Stoff, verschiedene gefährliche Stoffe
99	verschiedene gefährliche erwärmte Stoffe

Merke

✔ „X" = ni**X** Wasser!

---

*) Hier entscheidet der Einsatzleiter über die Verwendung von Wasser als Löschmittel.

Die Kennzeichnungsnummern ergeben sich aus dem Gefahrgut-Verzeichnis (Spalten 1 und 20) des ADR.

Wird auf einer Beförderungseinheit nur **ein** Stoff in **loser Schüttung** befördert, so gibt es drei Möglichkeiten zur Kennzeichnung (Beispiel: UN 2717 CAMPHER, SYNTHETISCH, Kl. 4.1, III):

- **neutrale orangefarbene Tafeln vorne und hinten, Tafeln mit Kennzeichnungsnummern an den Seiten des Aufbaus/Containers (Regelkennzeichnung)**

- **Rundumkennzeichnung, das heißt, vorne und hinten und an den Seiten Tafeln mit Kennzeichnungsnummern (Überkennzeichnung ist erlaubt)**

- **orangefarbene Tafeln vorne und hinten mit Kennzeichnungsnummern, seitlich keine Tafeln (Ein-Stoff-Regel)**

Ergänzen Sie die freien Felder in der Tabelle:

Nr. zur Kennzeichnung der Gefahr	Bedeutung
22	
23	
30	
	leicht **entzündbarer flüssiger** Stoff
40	
	oxidierender (brandfördernder) Stoff
60	
	ätzender oder **schwach ätzender** Stoff
88	
	verschiedene gefährliche erwärmte Stoffe
	umweltgefährdender Stoff; verschiedene gefährliche Stoffe

Merke

✔ Die Nummer zur Kennzeichnung der Gefahr (Gefahrnummer) 23 hat eine völlig andere Bedeutung als das Gefahrzettelmuster 2.3!
  23 = Gas, entzündbar
  2.3 = giftige Gase　　　　　(Die Gefahrnummer für giftige Gase ist 26.)

5.2.3.4 Kennzeichnung begaster Güterbeförderungseinheiten (CTU)

Fahrzeugaufbauten und Container, die mit dem abgebildeten Warnkennzeichen versehen sind, wurden begast (z.B. Begasung mit Methylbromid, um Schädlinge zu bekämpfen). Sie dürfen nicht betreten werden. Es besteht Erstickungs- und/oder Vergiftungsgefahr! Falls die Einheit später belüftet wurde, kann dies von und nach Seehäfen durch einen Vermerk vor den Worten „ZUTRITT VERBOTEN" erkennbar sein.

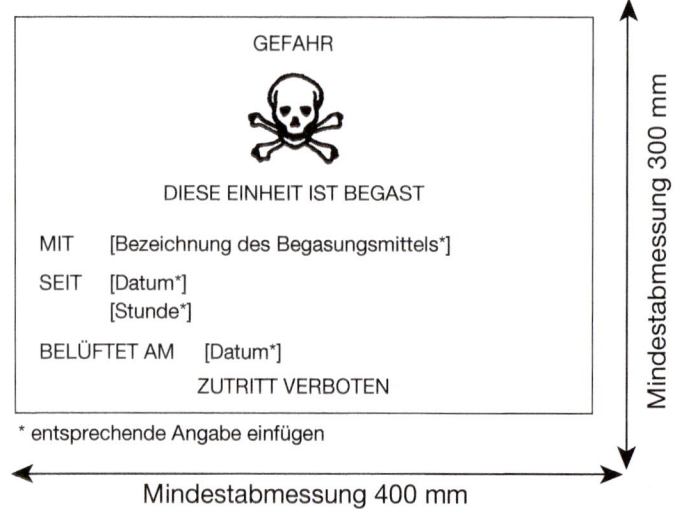

In der Praxis sind Kennzeichen nicht immer vorschriftenkonform. Doch aufgepasst: Von begasten Containern können tödliche Gefahren ausgehen!

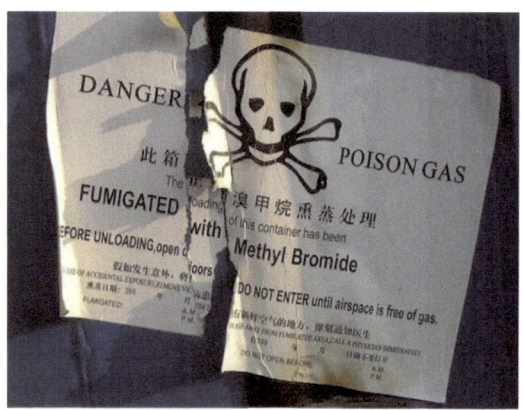

5.2.3.5 Gase

Belüftung

Gasflaschenventile schließen nicht immer völlig dicht. Damit sich keine gefährliche (explosive, giftige, erstickende) Atmosphäre im Fahrzeug bildet, muss für eine ausreichende Belüftung gesorgt werden. Gasflaschen sind deshalb vorzugsweise in offene oder belüftete Fahrzeuge oder in offene oder belüftete Container zu verladen. Die Größe der erforder-

lichen Lüftungsöffnung sollte sich nach der Gefährlichkeit und der Menge der beförderten Gasflaschen und nach der Größe des Fahrzeugaufbaus richten. Für bis zu drei Flaschen technischer Gase wie Propan, Acetylen und Sauerstoff kann ein freier Lüftungsquerschnitt von 100 cm^2 als ausreichend angesehen werden. Wenn die Beförderung in offenen oder belüfteten Fahrzeugen nicht möglich ist und die Versandstücke in anderen gedeckten Fahrzeugen oder anderen geschlossenen Containern befördert werden, müssen die Ladetüren der Fahrzeuge oder Container mit folgender Kennzeichnung versehen sein:

Bei der Beförderung von Gasen muss weiter der Gasaustausch zwischen Laderaum und dem Fahrerhaus verhindert werden. Damit sind Fahrzeuge ohne Fahrerhausabtrennung für die Beförderung von Gasen nicht mehr erlaubt.

Druckgaspackungen, die gemäß Kapitel 3.3 SV 327 für Wiederaufarbeitungs- oder Entsorgungszwecke befördert werden, dürfen nur in belüfteten oder offenen Fahrzeugen oder Containern befördert werden.

5.2.3.6 Fahrzeuge und Container, die UN 1845 Kohlendioxid, fest (Trockeneis) als Ladung befördern oder ein Kühl- oder Konditionierungsmittel enthalten

Fahrzeuge und Container, die z.B. Kohlendioxid, fest, Stickstoff, tiefgekühlt, flüssig oder Argon, tiefgekühlt, flüssig oder Stickstoff als Kühlmittel zur Temperaturführung ihrer Güter oder UN 1845 Kohlendioxid, fest, als Ladung befördern, müssen an jedem Zugang (Ladeöffnung) mit dem folgenden Warnkennzeichen versehen sein:

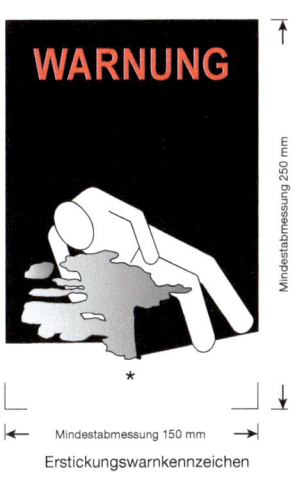

Mindestabmessung 250 mm

Mindestabmessung 150 mm

Erstickungswarnkennzeichen

★ Beispiel für Eintragung:
KOHLENDIOXID, FEST
ALS KÜHLMITTEL
(Buchstabenhöhe mind. 25 mm)

Dieses Kennzeichen bedeutet
Erstickungsgefahr!

Erstickungswarnkennzeichen

Dieses Kennzeichen ist nicht erforderlich, wenn die Güter in gut belüfteten Fahrzeugen oder Containern befördert werden. „Gut belüftet" bedeutet in diesem Zusammenhang, dass eine Atmosphäre vorhanden ist, in der die Kohlendioxid-Konzentration unter 0,5 Vol.-% und die Sauerstoff-Konzentration über 19,5 Vol.-% liegt.

Werden diese Güter in anderen als gut belüfteten Fahrzeugen transportiert, ist das oben abgebildete Kennzeichen, jedoch keine Belüftung bei Vorliegen folgender Voraussetzungen erforderlich:

– der Gasaustausch zwischen Ladeabteil und Fahrerhaus wird verhindert oder
– es werden spezielle Ladeabteile für den Lebensmitteltransport verwendet, bei denen das Fahrerhaus vom Ladeabteil getrennt ist.

Solange das Fahrzeug oder der Container gekennzeichnet ist, müssen vor dem Betreten die notwendigen Vorsichtsmaßnahmen ergriffen werden. Die Notwendigkeit einer Belüftung über die Ladetüren oder mit anderen Mitteln (z.B. Zwangsbelüftung) muss bewertet und in die Schulung der beteiligten Personen aufgenommen werden. Der Begriff „Konditionierung" schließt auch Schutzzwecke ein.

5.2.3.7   Weitere Kennzeichnungen

Die Kennzeichnung „ACHTUNG KEINE BELÜFTUNG VORSICHTIG ÖFFNEN" muss an den Ladetüren von gedeckten Fahrzeugen oder geschlossenen Containern angebracht sein (Buchstabenhöhe mind. 25 mm), wenn in

– Spalte 17 bei gefährlichen Gütern der Klasse 4.3 (nur Schüttgut) die Sondervorschrift „AP5"

angegeben ist.

Bei der Beförderung von Nebenprodukten der Aluminiumherstellung oder der Aluminiumumschmelzung (UN 3170) müssen gemäß Sondervorschrift CV37 die Ladetüren der gedeckten Fahrzeuge und der geschlossenen Container mit folgender Kennzeichnung versehen sein (Buchstabenhöhe mind. 25 mm):

> „ACHTUNG
> GESCHLOSSENES UMSCHLIESSUNGSMITTEL
> VORSICHTIG ÖFFNEN"

Bei Beförderung von polymerisierenden Stoffen, organischen Peroxiden und selbstzersetzlichen Stoffen unter Temperaturkontrolle und Mitführung von entsprechenden Kühlmitteln muss gemäß CV21 der Beförderer über folgendes in Kenntnis gesetzt werden:

– Anweisungen für die Bedienung des Kühlsystems und ggf. Liste von unterwegs vorhandenen Kühlmittellieferanten
– Vorgehensweise bei Ausfall der Temperaturkontrolle

5.2.3.8 Begrenzte Mengen in Beförderungseinheiten

Beförderungseinheiten mit einer zulässigen Gesamtmasse von mehr als 12 t, die in begrenzten Mengen verpackte Güter über 8 t (brutto) enthalten, müssen wie folgt vorn und hinten gekennzeichnet werden:

Sind Versandstücke mit ◇ gekennzeichnet ⟹ ◈ an die Beförderungseinheit. Die orangefarbene Tafel ist geschlossen.

Die Kennzeichnung mit der orangefarbenen Tafel ist dann erforderlich, wenn weitere Gefahrgüter auf der Beförderungseinheit in kennzeichnungspflichtigen Mengen (1.1.3.6 ADR) befördert werden. Die Kennzeichnung für die begrenzten Mengen darf in diesem Fall zusätzlich erfolgen. Im oberen Bild ist die orangefarbene Tafel zugeklappt.

Diese Lösung ist **nicht** in Ordnung

5.3 Fürs Gedächtnis

! **Zweck der Kennzeichen und der Bezettelung ist**

- leichte Erkennbarkeit von Gefahrguttransporten,
- Hinweis auf bestimmte Gefahren.

! **Zur Kennzeichnung und Bezettelung werden verwendet**

- UN-Nummer bei Versandstücken,
- Gefahrzettel/Großzettel mit Symbolen,
- orangefarbene Tafeln mit und ohne Kennzeichnungsnummern,
- Ausrichtungspfeile,
- Kennzeichen für umweltgefährdende Stoffe/für erwärmte Güter,
- ggf. Benennungen.

! Jeder Stoff bzw. Gegenstand hat eine ganz bestimmte **UN-Nummer**.

! **Beförderungseinheiten mit Versandstücken** werden **nur** mit neutralen orangefarbenen Tafeln gekennzeichnet.

! Bei Beförderung in **Tanks** oder **loser Schüttung** müssen orangefarbene Tafeln **mit Kennzeichnungsnummern** verwendet werden.

! Für die richtige Kennzeichnung und Bezettelung der **Fahrzeuge** ist der **Fahrzeugführer** verantwortlich. Container, Schüttgut-Container, MEGC, MEMU, Tankcontainer, ortsbewegliche Tanks und Fahrzeuge müssen durch Verlader bzw. Befüller mit Großzetteln gekennzeichnet werden.

! Großzettel und orangefarbene Tafeln **entfernen, umklappen und feststellen** oder mit feuerbeständiger Haube abdecken, **wenn keine Gefahrgüter geladen sind**.

! Bei **Unfallmeldungen** Kennzeichnungsnummern angeben.

! Versandstücke mit **begrenzten Mengen** sowie Beförderungseinheiten vorn und hinten werden mit einer schwarz-weiß-schwarzen Raute gekennzeichnet.

! **Container, Schüttgut-Container, ortsbewegliche Tanks, MEGC** und **Tankcontainer** an allen 4 Seiten bezetteln. **Fahrzeuge** an beiden Längsseiten und hinten mit Großzetteln kennzeichnen (also 3 ×).

! **Niemals falsche Kennzeichnungsnummern** verwenden, sonst werden bei Unfällen falsche Maßnahmen eingeleitet.

! Versandstücke, bei denen die Öffnung nicht erkennbar ist, sind mit **Ausrichtungspfeilen** gekennzeichnet.

! **Umverpackungen** müssen als solche gekennzeichnet sein (Aufschrift „UMVERPACKUNG", UN-Nummern, Gefahrzettel, ggf. Ausrichtungspfeile und ggf. Kennzeichen für umweltgefährdende Stoffe).

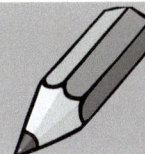

5.4 Kontrollfragen

1. Welche Abmessungen sind für die orangefarbenen Tafeln bei Beförderungseinheiten vorgeschrieben?

❑ A   ca. 40 cm x ca. 40 cm

❑ B   40 cm Breite x 30 cm Höhe (± 10%)

❑ C   ca. 30 cm Breite x ca. 40 cm Höhe

❑ D   12 cm x 30 cm   (5.2.2)

2. Wo sind die orangefarbenen Tafeln zu öffnen, wenn bei einer Beförderungseinheit (Lkw mit Anhänger) nur der Anhänger mit Gefahrgut beladen ist?

❑ A   Vorne und hinten am Anhänger

❑ B   Vorne und hinten am Anhänger und zusätzlich vorne am Lkw

❑ C   Am Lkw vorne und am Anhänger hinten

❑ D   Am Lkw hinten und am Anhänger hinten   (5.2.2)

3. Wer ist für das Sichtbarmachen der orangefarbenen Tafeln an der Beförderungseinheit verantwortlich?

❑ A   Verlader

❑ B   Fahrzeugführer

❑ C   Halter

❑ D   Beförderer   (5.2.2)

4. Sie befördern Versandstücke mit folgenden Gefahrzettelmustern:

Welche Bedeutung haben diese Gefahrzettelmuster?

❑ A   Der Stoff ist selbstentzündlich und reagiert gefährlich mit Wasser.

❑ B   Der Stoff reagiert nur gefährlich mit Wasser.

❑ C   Der Stoff ist oxidierend.

❑ D   Der Stoff ist ätzend und giftig.   (2.8.4.2; 2.8.4.3; 5.1.3)

5. An welchen Beförderungseinheiten müssen in der Regel orangefarbene Tafeln mit Kennzeichnungsnummern geöffnet sein?

❏ A An Tankfahrzeugen und Fahrzeugen mit Gefahrgut in loser Schüttung

❏ B An Fahrzeugen mit Versandstücken

❏ C An allen Fahrzeugen mit Containern mit mehr als 3 m³ Laderaum

❏ D An leeren, gereinigten Tankfahrzeugen (5.2.2)

6. Wann müssen die orangefarbenen Tafeln abgedeckt bzw. entfernt sein?

❏ A Bei einem leeren und gereinigten Gefahrgutfahrzeug

❏ B Beim Fahren innerhalb von Ortschaften

❏ C Bei Gefahrguttransporten ausschließlich im Ausland (Kabotageverkehr)

❏ D Beim Parken (5.2.2)

7. In welchem Fall müssen an einem Pkw, der Gefahrgüter als Versandstücke geladen hat, orangefarbene Tafeln geöffnet werden?

❏ A Wenn mehr als freigestellte Mengen (nach Tabelle 1.1.3.6.3 ADR) befördert werden

❏ B Immer wenn Gefahrgüter befördert werden

❏ C Nur, wenn mehr als 100 kg Gefahrgüter transportiert werden

❏ D Bei der Beförderung von Gefahrgütern mit Pkw sind orangefarbene Tafeln nie erforderlich. (5.2.2)

8. Welche Bedeutung hat es, wenn auf ein Versandstück 2 unterschiedliche Gefahrzettel geklebt sind?

❏ A Von diesem Versandstück gehen mehrere Gefahren aus.

❏ B Das Versandstück darf nur innerhalb des Werkgeländes befördert werden.

❏ C Es besteht immer ein Zusammenladeverbot mit anderen Gefahrgütern.

❏ D Die Polizei muss über diesen Gefahrguttransport informiert werden. (5.1.1)

9. **Welchen Zweck erfüllt die Aufschrift „UN 1993" auf einem Versandstück?**

❏ A   Sie gibt das Haltbarkeitsdatum an.

❏ B   Sie gibt das Jahr der Herstellung an.

❏ C   Sie gibt die Gesamtmenge an.

❏ D   Sie gibt Auskunft über die UN-Nr. des enthaltenen Stoffes.   (5.1.2)

10. **Welche Besonderheit muss beim Transport von Gefahrgütern in loser Schüttung beachtet werden?**

❏ A   Es darf maximal eine Pause von 15 Minuten eingelegt werden.

❏ B   Das Fahrzeug muss mit den entsprechenden Großzetteln versehen sein.

❏ C   Anhalten ist nicht erlaubt.

❏ D   Parken ist nur auf dem Gelände der Polizei erlaubt.   (5.2.1)

11. **Was gibt die erste Ziffer auf dem oberen Teil der orangefarbenen Tafel an?**

❏ A   Sie gibt an, ob das Fahrzeug beladen oder leer ist.

❏ B   Sie gibt die Hauptgefahr an.

❏ C   Sie gibt eine zusätzliche Gefahr an.

❏ D   Sie gibt an, welcher Stoff geladen ist.   (5.2.3.6)

12. **Was geben die Ziffern auf dem oberen Teil der orangefarbenen Tafel an?**

❏ A   Sie geben das Gesamtgewicht des Fahrzeugs an.

❏ B   Sie geben den Beladungszustand an.

❏ C   Sie geben an, welcher Stoff geladen ist.

❏ D   Sie geben an, welche Gefahr von der Ladung ausgeht.   (5.2.3.6)

13. **Was müssen Sie als Fahrzeugführer beachten, wenn Sie Versandstücke mit Ausrichtungspfeilen übernehmen?**

❏ A   Versandstück liegend befördern

❏ B   Versandstücke müssen in Übereinstimmung mit den Ausrichtungspfeilen (Packstückorientierung, oben) ausgerichtet werden

❏ C   Keine Bedeutung für die Beförderung

❏ D   Hinweis auf Öffnung   (5.1.2; 5.1.4)

14. Welche Eigenschaft hat ein Stoff, der in der oberen Hälfte der orangefarbenen Tafel eine „60" enthält?

❏ A oxidierend

❏ B ätzend

❏ C giftig oder schwach giftig

❏ D umweltgefährlich (5.2.3.6)

15. Sie befördern einen Tankcontainer mit einem Fassungsvermögen von weniger als 3000 l auf einem offenen Fahrzeug. Die Großzettel des Tankcontainers sind durch den Aufbau des Fahrzeugs nicht zu erkennen. Auf was müssen Sie achten?

❏ A An beiden Längsseiten und am Heck des Fahrzeugs müssen sich die gleichen Großzettel befinden, die auf dem Tankcontainer angebracht sind.

❏ B Die Großzettel auf dem Tankcontainer reichen aus.

❏ C Da ich ein offenes Fahrzeug verwende, ist das egal.

❏ D Der Großzettel des Tankcontainers wird am Heck wiederholt. (5.2.3.5)

16. Wie wird die Zunahme der Hauptgefahr in der oberen Hälfte der orangefarbenen Tafel beschrieben?

❏ A Es gibt keine Unterscheidung.

❏ B Grundsätzlich wird die Zunahme der Hauptgefahr durch die Verdopplung der ersten Ziffer kenntlich gemacht.

❏ C Die betreffende Zahl wird mit 2 multipliziert.

❏ D Grundsätzlich erscheint vor den Zahlen ein „X". (5.2.3.6)

17. Welche Bedeutung hat dieses Kennzeichen an einer Beförderungseinheit?

❏ A Achtung, große Fahrzeughöhe

❏ B ADR-Schulungsbescheinigung nicht erforderlich

❏ C In begrenzten Mengen verpackte gefährliche Güter

❏ D Stückgutladung, ungesichert (5.2.3.11)

18. Sie übernehmen Lösemittelabfälle der Klasse 3. Auf den Fässern sind Gefahrzettel angebracht, die durchgestrichen worden sind. Teilweise sind die Gefahrzettel auch nicht mehr vollständig (das Symbol fehlt). Was tun Sie als Fahrzeugführer?

❏ A   Auf Anweisung des Disponenten verlade ich die Fässer.

❏ B   Da ich mir nicht sicher bin, entferne ich vorsichtshalber die Gefahrzettelmuster.

❏ C   Ich umwickle die Fässer mit schwarzer Wickelfolie, die ich zufälligerweise im Fahrzeug mitführe.

❏ D   Ich darf diese Versandstücke nicht übernehmen, da sie nicht den Vorschriften entsprechen.   (5.1.1)

19. In meinem Beförderungspapier sehe ich bei einer Gefahrguteintragung den Zusatz „umweltgefährdend". Worauf muss ich bei der Übernahme von Umverpackungen achten?

❏ A   Bei Umverpackungen ist ausschließlich der Verlader für die richtige Kennzeichnung verantwortlich.

❏ B   Auf der Umverpackung muss zusätzlich zu den zu wiederholenden Gefahrzettelmustern, der Kennzeichnung und der Bemerkung „Umverpackung" auch das Kennzeichen für umweltgefährdende Stoffe angebracht sein.

❏ C   Die Kennzeichnung geht mich nichts an.

❏ D   Es müssen auf der Umverpackung nur die Gefahrzettelmuster vorhanden sein.   (5.1.2; 5.1.4)

20. Auf einer Großverpackung entdecken Sie folgendes Kennzeichen: Dürfen Sie diese Großverpackung stapeln?

❏ A   Nein, auf keinen Fall. Dieses Zeichen bedeutet Stapelverbot.

❏ B   Grundsätzlich dürfen alle Gefahrgutversandstücke gestapelt werden.

❏ C   Dies muss ich beim Verlader erfragen.

❏ D   Bis zu der angegebenen Last darf das Großpackmittel gestapelt werden.   (4.2.2.1)

21. **Sie übernehmen ein Fahrzeug, das mit folgendem Kennzeichen versehen ist:**

Welche Bedeutung hat dieses Kennzeichen?

WARNUNG

❏ A Dieses Kennzeichen ist nur für den innerbetrieblichen Transport von Bedeutung.

❏ B Dieses Kennzeichen weist darauf hin, dass sich in diesem Fahrzeug Versandstücke befinden, die mit gefährlichen Gütern als Kühl- bzw. Konditionierungsmitteln versehen sind oder die UN 1845 Kohlendioxid, fest, als Ladung befördern.

❏ C Diese Versandstücke darf ich nicht übernehmen.

❏ D Achtung, besonders kalte Güter. (5.2.3.9)

22. **Wie unterscheiden Sie einen Tankcontainer von einem Großpackmittel?**

❏ A Tankcontainer werden an allen vier Seiten mit Großzetteln und an zwei Seiten mit orangefarbenen Tafeln mit UN-Nummer und Nummer zur Kennzeichnung der Gefahr gekennzeichnet.

❏ B Beide sind gleichartig, es gibt keine Unterscheidungsmerkmale.

❏ C Durch Befragen des Verladers.

❏ D Durch Vergleichen von Bildern im Internet. (5.1.1; 5.2.3.4)

23. **Sie befördern gefährliche Abfälle in loser Schüttung. Es handelt sich um ein Gefahrgut der Klasse 4.1. Müssen auf der orangefarbenen Tafel Nummer zur Kennzeichnung der Gefahr und UN-Nummer angebracht sein?**

❏ A Wenn die Abfalltafel angebracht ist, benötige ich die orangefarbene Tafel nicht.

❏ B Bei der Beförderungsart Lose Schüttung ist nur die neutrale orangefarbene Tafel vorgeschrieben.

❏ C Die vorgeschriebenen Großzettel in Verbindung mit der Abfalltafel sind ausreichend.

❏ D Wenn nur ein Stoff in loser Schüttung befördert wird, sind orangefarbene Tafeln mit Nummer zur Kennzeichnung der Gefahr und UN-Nummer vorn und hinten an der Beförderungseinheit ausreichend. (5.2.2)

6 Durchführung der Beförderung

6.1 Grundregeln zur Unfallvermeidung

Die Allgemeinheit hat einen Anspruch darauf, vor den Gefahren der technischen Entwicklung und den Risiken einer Industriegesellschaft – soweit wie irgend möglich – geschützt zu werden. Deshalb hat der Gesetzgeber die Pflicht, Vorschriften zu erlassen, die eine hohe Sicherheit gewährleisten und Unfälle nach Möglichkeit verhindern.

Die deutschen Gefahrgutvorschriften entsprechen einem anerkannt hohen Sicherheitsstandard. Sie werden aufgrund neuer Erfahrungen und Erkenntnisse in Wissenschaft und Technik sowie unter Berücksichtigung von Beschlüssen und Empfehlungen der Vereinten Nationen und anderer zuständiger internationaler Gremien laufend überprüft und weiterentwickelt. Besondere Aufmerksamkeit gilt dabei der Verpackung, Kennzeichnung und Verladung der Gefahrgüter, der Ausbildung der Fahrzeugführer sowie dem Bau, der Ausrüstung und der Überprüfung der Fahrzeuge.

Die besten Vorschriften allein gewährleisten aber – wie die Gefahrgutunfälle zeigen – noch nicht die Sicherheit der Menschen vor den Gefahren, die mit dem Transport gefährlicher Güter verbunden sein können. Entscheidend ist, dass auch alle Betroffenen in Industrie, Handel und im Verkehrsgewerbe sich ihrer großen Verantwortung bewusst sind und die zum Schutz der Bevölkerung und der Umwelt erlassenen **Sicherheitsvorschriften einhalten**.

Quelle: A. Schröder, Feuerwehr Sittensen

Unfälle (möglichst) vermeiden, daher Gefahrgutvorschriften einhalten!

6.2 Abfahrtkontrolle

Zur **Fahrtvorbereitung** gehört, dass sich der Fahrzeugführer von der Verkehrs- und Betriebssicherheit seines Fahrzeugs überzeugt. Dazu führt er jeweils vor Fahrtbeginn eine Abfahrtkontrolle durch, am besten anhand einer Checkliste. Mängel sind zu erfassen, zu melden und abzustellen.

Fahrzeug	O.K.	Nein
1. Ist die Beförderungseinheit ohne augenscheinliche Mängel?		
– Räder: Profil, Luftdruck, Fremdkörper, Radmuttern, Beschädigungen wie Risse, Ventile/-kappen, Wintereignung, Reserverad		
– Beleuchtung: Stand-, Fahr-, Fernlicht, Nebelscheinwerfer/-schlussleuchten, Schlussleuchten, Bremsleuchten, Blinker, Verbindungsleitungen (auch zum Anhänger), Tagfahrlicht, Warnblinker, seitliche Markierungsleuchten, Kennzeichen		
– Scheiben, Wischer, Waschanlage, Frostschutz, Spiegel inkl. richtiger Einstellung, Kamerasysteme und ihre Funktion und ggf. Heizung		
– Füllstände und Dichtheit: Motoröl, Kühlwasser, Kraftstoff, Batterieflüssigkeit, Lenkhydraulik, ggf. Zentralschmieranlage		
– Druckluft: Bremsen(-probe), Druckaufbau/-verlust, Leitungen, Anschlüsse		
– Batteriekasten, Batterietrennschalter, Rückfahrwarner		
– Anhänger-, Sattelkupplung, Verriegelung		
– Prüffristen, Plaketten, Stempel, Kfz.-Kennzeichen		
2. Orangefarbene Tafeln		
– Korrekte und sichere Anbringung		
– Richtige Ziffernkombination		
– Tafeln verdeckt/entfernt, wenn Fahrzeug/Schüttgutcontainer leer und gereinigt		
3. Großzettel (Placards), ggf. Kennzeichen „umweltgefährdender Stoff" bzw. „erwärmte Stoffe", begrenzte Mengen, Begasung u.a.		
– Korrekte Anbringung, Mindestgröße, den Vorschriften entsprechend, unbeschädigt		
– Placards und Kennzeichen entfernt, wenn Fahrzeug/Schüttgutcontainer leer und gereinigt		

Fahrzeug	O.K.	Nein
4. Bei laufendem Motor		
– Lenkungsspiel		
– Bremsanlage (Dichtheit, Druckverlust)		
– OBU, Tachograph		

Ladung und Ladefläche (falls zutreffend)	O.K.	Nein
1. Versandstücke unbeschädigt?		
– Falls nein – nicht befördern!		
2. Kennzeichnung/Bezettelung der Versandstücke		
– UN-Nummer		
– Gefahrzettel		
– Ggf. weitere Kennzeichen (z.B. Ausrichtungspfeile, „umweltgefährdender Stoff")		
3. Ladefläche gereinigt?		
4. Zusammenladeverbote beachtet?		
5. Fahrzeug für Ladung geeignet/zugelassen?		
6. Sind eventuelle Mengenbegrenzungen eingehalten?		
7. Ladung korrekt gesichert?		

Ausrüstung (je nach Transportgut)	O.K.	Nein
– 2 Feuerlöscher je nach Fz.-Gesamtmasse (geprüft, verplombt, leicht erreichbar und wettergeschützt befestigt)		
– mind. 1 Unterlegkeil pro Fz. (angepasst an Fz.-Gewicht und Raddurchmesser)		
– 2 selbststehende Warnzeichen		
– ggf. Augenspülflüssigkeit		
– 1 Warnweste für jedes Mitglied der Fahrzeugbesatzung		
– 1 tragbares Beleuchtungsgerät für jedes Mitglied der Fahrzeugbesatzung (ggf. ex-geschützt)		
– 1 Paar geeignete Schutzhandschuhe für jedes Mitglied der Fahrzeugbesatzung		
– Augenschutzausrüstung (z.B. Schutzbrille) für jedes Mitglied der Fahrzeugbesatzung		

	O.K.	Nein
– ggf. Notfallfluchtmaske (bei Gefahrzettel 2.3 oder 6.1) für jedes Mitglied der Fahrzeugbesatzung		
– ggf. Schaufel – ggf. Kanalabdeckung } (für feste und flüssige Stoffe mit – ggf. Auffangbehälter } Gefahrzettel 3, 4.1, 4.3, 8 oder 9)		
– „gültiger" Erste-Hilfe-Kasten		
– Ladungssicherungsmittel vorhanden und in Ordnung?		
außerdem: Begleitpapiere	**O.K.**	**Nein**
– für Ladung (Beförderungspapiere, schriftliche Weisungen, Ausnahmegenehmigungen, Fahrwegbestimmung, ...)		
– für Fahrzeug (Zulassungsbescheinigung Teil I, ADR-Zulassungsbescheinigung, ...)		
– für Fahrzeugbesatzung (Führerschein, ADR-Schulungsbescheinigung, Fahrerkarte u. Reserverollen für digit. Tacho, Nachweis über arbeitsfreie Tage, Toll-Collect-Karte, ggf. noch Ersatzschaublätter...)		

6.3 Freistellungen

6.3.1 Freistellungen bei in begrenzten Mengen verpackten Gütern

Ist ein gefährlicher Stoff im Gefahrgut-Verzeichnis Spalte 7a (Kapitel 3.2 ADR) mit einer zulässigen Höchstmenge (ml, l, kg) versehen, so unterliegt er bestimmten ADR-Vorschriften **nicht**, wenn:

– bestimmte zusammengesetzte Verpackungen bzw. stabile Innenverpackungen in Trays mit Schrumpffolie verwendet werden,
– die Höchstmenge je Innenverpackung oder Gegenstand nicht überschritten wird,
– das Bruttogewicht des Versandstücks 30 kg bzw. des Trays 20 kg nicht überschreitet,
– die Versandstücke mit dem Kennzeichen für begrenzte Mengen (*siehe Seite 121*) versehen sind.
Achtung: Fahrzeug ab bestimmten Mengen kennzeichnen (*siehe Seite 139*).

Bei mehr als 8 t Ladung „begrenzter Mengen" (Kennzeichnung der Beförderungseinheit) gilt für die Beförderungseinheit der Tunnelbeschränkungscode (E) und damit die Tunnelvorschriften des ADR.

6.3.2 In freigestellten Mengen verpackte Güter

Freigestellte Mengen gefährlicher Güter (Kennzeichen *siehe Seite 125*) unterliegen nicht den Vorschriften des ADR mit einigen Ausnahmen:

– Unterweisung der beteiligten Personen (z.B. Fahrzeugführer),
– Klassifizierung und Kriterien für die Verpackungsgruppen,
– bestimmte Verpackungsvorschriften,
– Angabe der Anzahl der Versandstücke mit freigestellten Mengen.

6.3.3 Freistellungen in Zusammenhang mit Mengen pro Beförderungseinheit

Bei der Beförderung von Gefahrgutmengen bis zur höchstzulässigen Menge nach 1.1.3.6 ADR müssen nicht alle Vorschriften eingehalten werden. Dabei ist jedoch zu beachten:

• Die Regelung nach 1.1.3.6 ADR gilt **nur** für Beförderungen gefährlicher Güter in **Versandstücken** (also nicht für Beförderungen in loser Schüttung oder in Tanks).

• Die **Verpackungsvorschriften** müssen beachtet werden *(siehe Kapitel 4.2)*.

• Nur **Beförderungspapiere** müssen mitgeführt werden *(siehe Kapitel 3)*.

• Im Beförderungspapier müssen die **Gesamtmenge und der berechnete Punktewert je Beförderungskategorie** angegeben werden.

• Bei Transporten muss mindestens ein **2 kg-Feuerlöscher** auf dem Fahrzeug mitgeführt werden *(siehe Kapitel 4.3.1.1)*.

• Der **Umgang mit Feuer und offenem Licht** ist bei Be- und Entladearbeiten in der Nähe von Versandstücken und haltenden Fahrzeugen sowie in den Fahrzeugen untersagt.

• **Tragbare Beleuchtungsgeräte** müssen so beschaffen sein, dass sie mögliche entzündbare Gase oder Dämpfe innerhalb des Fahrzeugs nicht entzünden können.

• Das **Rauchverbot** ist zu beachten *(siehe Kapitel 6.5.3)*.

• Besondere Bestimmungen für das **Be- und Entladen** und die **Handhabung**, wie z.B. Ladungssicherung *(siehe Kapitel 6.4.10)*.

• Fahrzeugführer und Beifahrer dürfen **Versandstücke mit Gefahrgütern nicht öffnen** *(siehe Kapitel 6.4.1)*.

• Auch bei der Beförderung kleiner Mengen von Gasen muss für eine ausreichende **Belüftung** gesorgt werden oder die Ladetüren sind mit einem entsprechenden Warnhinweis zu versehen *(siehe Seite 136)*.

• Vorschriften zur **Sicherung** müssen nicht beachtet werden (außer bei bestimmten explosiven Stoffen und Gegenständen). Die **Überwachungsvorschriften** beim Halten und Parken sind jedoch einzuhalten (Sondervorschriften S14 bis S21 und S24 in Kapitel 8.5 ADR).

- Von den Sondervorschriften in Spalte 16 müssen nur V5 und V8 beachtet werden.

- Besitzt der Fahrzeugführer keine ADR-Schulungsbescheinigung, so muss er eine **Unterweisung** erhalten haben.

- Bei Beförderung von Gütern unter **Temperaturkontrolle** ist die Sondervorschrift S4 (Kapitel 8.5 ADR) einzuhalten.

- Die Regelung nach 1.1.3.6 ADR darf nur für Versandstücke genutzt werden, wenn bestimmte **Höchstmengen** nicht überschritten werden. Die Höchstmengen ergeben sich aus nachstehender Tabelle *(siehe Seite 153)*.

In der Tabelle bedeutet „**Höchstzulässige Gesamtmenge je Beförderungseinheit**"

- für Gegenstände der **Klasse 1** die **Nettomasse des explosiven Stoffes** in kg [Beispiel: Der Gasgenerator eines Airbags enthält einige Gramm Explosivstoff. Maßgebend für die Anwendung der Regelung nach 1.1.3.6 ADR ist nicht die Masse des Gegenstandes (Airbag-Gasgenerators), sondern nur die Masse des Explosivstoffes, die darin enthalten ist.]

- für **andere Gegenstände** [z.B. Druckgaspackungen (= Spraydosen; Feuerzeuge)] die Gesamtmasse in kg der Gegenstände ohne ihre Verpackungen, für Gefahrgüter in Geräten und Ausrüstungen, die im ADR einer UN-Nummer zugeordnet sind, die Gesamtmenge der darin enthaltenen gefährlichen Güter in kg bzw. in L

- für feste Stoffe, verflüssigte Gase, tiefgekühlt verflüssigte Gase und unter Druck gelöste Gase die **Nettomasse in kg**

- für flüssige Stoffe die Gesamtmenge der enthaltenen gefährlichen Güter in Litern

- für **verdichtete Gase, adsorbierte Gase** und **Chemikalien unter Druck** der mit Wasser ausgeliterte Fassungsraum des Gefäßes in Litern

Tabelle „höchstzulässige Mengen" (1.1.3.6.3 ADR)

Beförde-rungskate-gorie	Stoffe oder Gegenstände Verpackungsgruppe oder Klassifizierungscode/-gruppe oder UN-Nummer	Höchstzulässige Gesamtmenge je Beförderungseinheit[b]
0	Klasse 1: 1.1 A, 1.1 L, 1.2 L, 1.3 L, UN-Nummer 0190 Klasse 3: UN-Nummer 3343 Klasse 4.2: Stoffe, die der Verpackungsgruppe I zugeordnet sind Klasse 4.3: UN-Nummern 1183, 1242, 1295, 1340, 1390, 1403, 1928, 2813, 2965, 2968, 2988, 3129, 3130, 3131, 3132, 3134, 3148, 3396, 3398 und 3399 Klasse 5.1: UN-Nummer 2426 Klasse 6.1: UN-Nummern 1051, 1600, 1613, 1614, 2312, 3250 und 3294 Klasse 6.2: UN-Nummern 2814, 2900 und 3549 Klasse 7: UN-Nummern 2912 bis 2919, 2977, 2978 und 3321 bis 3333 Klasse 8: UN-Nummer 2215 (MALEINSÄUREANHYDRID, GESCHMOLZEN) Klasse 9: UN-Nummern 2315, 3151, 3152 und 3432 sowie Gegenstände, die solche Stoffe oder Gemische enthalten sowie ungereinigte leere Verpackungen, die Stoffe dieser Beförderungskategorie enthalten haben, ausgenommen Verpackungen, die der UN-Nummer 2908 zugeordnet sind.	0
1	Stoffe und Gegenstände, die der **Verpackungsgruppe I** zugeordnet sind und nicht unter die Beförderungskategorie 0 fallen, sowie Stoffe und Gegenstände der folgenden Klassen: Klasse 1: 1.1 B bis 1.1 J[a], 1.2 B bis 1.2 J, 1.3 C, 1.3 G, 1.3 H, 1.3 J und 1.5 D[a] Klasse 2: Gruppen T, TC[a], TO, TF, TOC[a] und TFC Druckgaspackungen: Gruppen C, CO, FC, T, TF, TC, TO, TFC und TOC Chemikalien unter Druck: UN-Nummern 3502, 3503, 3504 und 3505 Klasse 4.1: UN-Nummern 3221 bis 3224, 3231 bis 3240, 3533 und 3534 Klasse 5.2: UN-Nummern 3101 bis 3104 und 3111 bis 3120	20 (Bei Mischladung **Faktor 50**)
2	Stoffe, die der **Verpackungsgruppe II** zugeordnet sind und nicht unter die Beförderungskate-gorie 0, 1 oder 4 fallen, sowie Stoffe und Gegenstände der folgenden Klassen: Klasse 1: 1.4 B bis 1.4 G und 1.6 N Klasse 2: Gruppe F Druckgaspackungen: Gruppe F Chemikalien unter Druck: UN-Nummer 3501 Klasse 4.1: UN-Nummern 3225 bis 3230, 3531 und 3532 Klasse 4.3: UN-Nummer 3292 Klasse 5.1: UN-Nummer 3356 Klasse 5.2: UN-Nummern 3105 bis 3110 Klasse 6.1: UN-Nummern 1700, 2016 und 2017 sowie Stoffe, die der Verpackungsgruppe III zugeordnet sind Klasse 9: UN-Nummern 3090, 3091, 3245, 3480 und 3481	333 (Bei Mischladung **Faktor 3**)
3	Stoffe, die der **Verpackungsgruppe III** zugeordnet sind und nicht unter die Beförderungskate-gorie 0, 2 oder 4 fallen, sowie Stoffe und Gegenstände der folgenden Klassen: Klasse 2: Gruppen A und O Druckgaspackungen: Gruppen A und O Chemikalien unter Druck: UN-Nummer 3500 Klasse 3: UN-Nummer 3473 Klasse 4.3: UN-Nummer 3476 Klasse 8: UN-Nummern 2794, 2795, 2800, 3028, 3477 und 3506 Klasse 9: UN-Nummern 2990 und 3072	1 000 (Bei Mischladung **Faktor 1**)
4	Klasse 1: 1.4 S Klasse 2: UN-Nummern 3537 bis 3539 Klasse 3: UN-Nummer 3540 Klasse 4.1: UN-Nummern 1331, 1345, 1944, 1945, 2254, 2623 und 3541 Klasse 4.2: UN-Nummern 1361 und 1362 der Verpackungsgruppe III und UN-Nummer 3542 Klasse 4.3: UN-Nummer 3543 Klasse 5.1: UN-Nummer 3544 Klasse 5.2: UN-Nummer 3545 Klasse 6.1: UN-Nummer 3546	unbegrenzt

Klasse 7: UN-Nummern 2908 bis 2911 Klasse 8 UN-Nummer 3547 Klasse 9: UN-Nummern 3268, 3499, 3508, 3509 und 3548 sowie ungereinigte leere Verpackungen, die gefährliche Stoffe mit Ausnahme solcher enthalten haben, die unter die Beförderungskategorie 0 fallen.	

[a] *Für die UN-Nummern 0081, 0082, 0084, 0241, 0331, 0332, 0482, 1005 und 1017 beträgt die höchstzulässige Gesamtmenge je Beförderungseinheit 50 kg. (Bei Mischladung Faktor 20)*

[b] *Die höchstzulässige Gesamtmenge für jede Beförderungskategorie entspricht einem berechneten Wert von „1000" (siehe auch Absatz 1.1.3.6.4).*

Zur Anwendung der Tabelle:

Werden nur Güter befördert, die in **ein und derselben** Beförderungskategorie aufgelistet sind, so dürfen die Vergünstigungen genutzt werden, wenn die in der rechten Spalte angegebene Menge je Beförderungseinheit nicht überschritten ist.

Damit gibt es für die Güter, die in Beförderungskategorie 0 aufgelistet sind, keine Erleichterung.

Werden Güter aus **unterschiedlichen Beförderungskategorien** befördert, so darf der berechnete Wert

- der Menge der Güter der Beförderungskategorie 1, multipliziert mit 50,
- der Menge der Güter in Fußnote a) der Tabelle, multipliziert mit 20,
- der Menge der Güter der Beförderungskategorie 2, multipliziert mit 3, und
- der Menge der Güter der Beförderungskategorie 3

nicht größer sein als 1000 („**1000-Punkte-Regel**").

Die Angabe des berechneten Punktewerts ist bei der Anwendung der Regelung nach 1.1.3.6 ADR verpflichtend.

Auf einer Beförderungseinheit werden befördert (Berechnungsbeispiel):

	Menge	Beförderungs-kategorie	Faktor	Rechnung
1 Flasche UN 1978 PROPAN, 2.1, (B/D)	11 kg	2	3	11 · 3 = 33
1 Flasche UN 1001 ACETYLEN, GELÖST, 2.1, (B/D)	40 kg	2	3	40 · 3 = 120
1 Flasche UN 1072 SAUERSTOFF, VERDICH-TET, 2.2 (5.1), (E)	40 l	3	1	40 · 1 = 40
UN 1202 DIESELKRAFTSTOFF, 3, III, (D/E), um-weltgefährdend	20 l	3	1	20 · 1 = 20
UN 1203 BENZIN, 3, II, (D/E), umweltgefähr-dend	20 l	2	3	20 · 3 = 60
				Summe: 273

Der berechnete Punktewert überschreitet die Zahl 1000 nicht. Die Beförderung darf deshalb unter den erleichterten Bedingungen durchgeführt werden.

6.4 Be- und Entladen von Fahrzeugen

6.4.1 Grundlegende Regeln

- Das ADR (7.5.1.1 bis 7.5.1.3) verlangt, dass vor dem Be-/Entladen Fahrer, Fahrzeug, Beförderungsmittel und Papiere kontrolliert werden.

- Versandstücke dürfen vom Fahrpersonal nicht geöffnet werden.

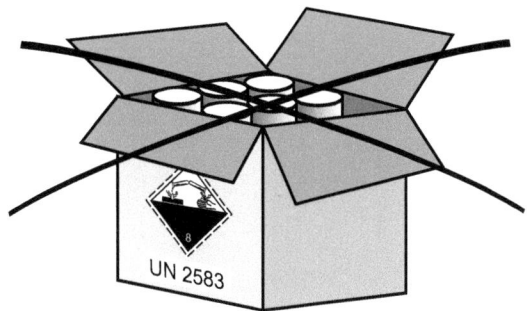

- Beschädigte, erkennbar unvollständige und mit Anhaftungen des Füllgutes versehene Versandstücke dürfen nicht verladen werden. Erforderlichenfalls hat der Fahrzeugführer sie zurückzuweisen. Unvollständig wäre z.B. eine Gasflasche ohne Verschlusskappe oder Kanister ohne Verschlussdeckel.

6.4.2 Reinigen

Wird nach dem Entladen eines Fahrzeugs oder Containers, in dem sich verpackte Gefahrgüter befanden, festgestellt, dass ein Teil ihres Inhalts ausgetreten ist, so ist das Fahrzeug (der Container) so bald wie möglich, auf jeden Fall aber vor erneutem Beladen, zu reinigen. Verbindungsleitungen, Füll- und Entleerrohre sind nach Gebrauch zu entleeren.

Fahrzeuge und Container, in denen sich Gefahrgüter in loser Schüttung befanden, sind vor erneutem Beladen in geeigneter Weise zu reinigen, wenn nicht die neue Ladung aus dem gleichen Gut besteht wie die vorhergehende.

6.4.3   Motor abstellen

Um die Gefahr der Entzündung möglichst gering zu halten, ist beim Be- und Entladen der Fahrzeugmotor abzustellen.

Ausnahme: Der Motor darf laufen, wenn er zum Antrieb von Pumpen, Kühlaggregaten oder Ähnlichem benötigt wird.

6.4.4   Verwendung von Feststellbremse und Unterlegkeilen

Beförderungseinheiten mit Gefahrgütern dürfen nur mit angezogener Feststellbremse halten oder parken.

Der Unterlegkeil muss beim Abstellen von Anhängern ohne Bremsausrüstung verwendet werden.

6.4.5   Verwendung von Verbindungsleitungen

Ist eine Beförderungseinheit mit einem Antiblockiersystem (ABS) ausgerüstet, müssen die elektrischen Anschlüsse zwischen Zugfahrzeug und Anhänger während der Beförderung immer verbunden sein.

6.4.6   Ausrichtung

Wenn Ausrichtungspfeile angebracht sind, müssen die Versandstücke mit den Pfeilspitzen nach oben verstaut werden. **Nicht** wie im nebenstehenden Bild!

6.4.7   Nässeempfindlichkeit

Versandstücke mit nässeempfindlichen Verpackungen müssen in gedeckte oder bedeckte Fahrzeuge bzw. in geschlossene oder bedeckte Container geladen werden.

6.4.8 Getrennthalten

Versandstücke mit einem Gefahrzettel nach Muster 6.1 (giftig), 6.2 (ansteckungsgefähr-lich) oder 9 (bestimmte Güter) müssen in Fahrzeugen und an Belade-, Entlade- und Um-ladestellen **getrennt von Nahrungs-, Genuss- und Futtermitteln gehalten** werden. Dadurch sollen negative Einflüsse, z.B. auf Nahrungsmittel, vermieden werden. Eine ausreichende Trennung kann vorgenommen werden durch

– zusätzliche Umverpackung
  (z.B. Folie oder Karton)

– vollwandige Trennwände

– Abstand von mindestens 80 cm
  (Europaletten-Breite)

– Versandstücke, die nicht mit Gefahrzetteln
  der Muster 6.1, 6.2 oder 9 (bestimmte Güter)
  gekennzeichnet sind.

giftig

ansteckungs-
gefährlich

verschiedene
gefährliche Güter

vollwandige Trennwand

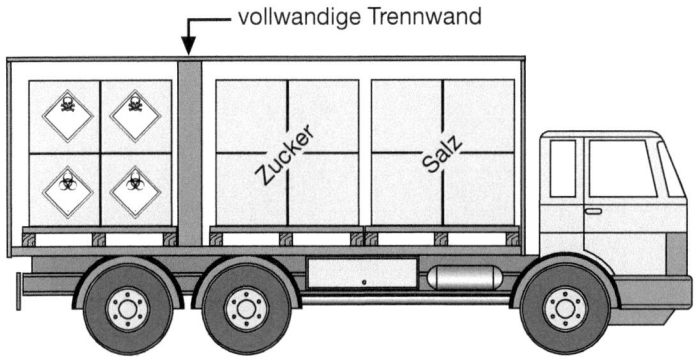

6.4.9 Begrenzung der beförderten Mengen

Die höchste Menge organischer Peroxide (Klasse 5.2), selbstzersetzlicher Stoffe (Klasse 4.1) des Typs B, C, D, E oder F und polymerisierender Stoffe (Klasse 4.1) beträgt 20 000 kg je Beförderungseinheit.

6.4.10 Zusammenladeverbote

Das Zusammenladen von Versandstücken mit verschiedenen Gefahrzetteln **auf einer Ladefläche** ist verboten, es sei denn, die Zusammenladung ist ausdrücklich erlaubt. Die nachfolgende Tabelle gibt einen Überblick über die erlaubten Zusammenladungen.

Zusammenladeverbote Straße

Gefahr-zettel	1	1.4	1.5	1.6	2.1, 2.2, 2.3	3	4.1	4.1 +1	4.2	4.3	5.1	5.2	5.2 +1	6.1	6.2	7A, 7B, 7C	8	9, 9A
1											d)							b)
1.4	siehe 7.5.2.2 ADR				a)	a)	a)		a)	a)	a)	a)		a)	a)	a)	a)	a), b), c)
1.5															b)			
1.6															b)			
2.1, 2.2, 2.3		a)			X	X	X		X	X	X	X		X	X	X	X	X
3		a)			X	X	X		X	X	X	X		X	X	X	X	X
4.1		a)			X	X	X		X	X	X	X		X	X	X	X	X
4.1 + 1							X											
4.2		a)			X	X	X		X	X	X	X		X	X	X	X	X
4.3		a)			X	X	X		X	X	X	X		X	X	X	X	X
5.1	d)	a)			X	X	X		X	X	X	X		X	X	X	X	X
5.2		a)			X	X	X		X	X	X	X	X	X	X	X	X	X
5.2 + 1												X	X					
6.1		a)			X	X	X		X	X	X	X		X	X	X	X	X
6.2		a)			X	X	X		X	X	X	X		X	X	X	X	X
7A, 7B, 7C		a)			X	X	X		X	X	X	X		X	X	X	X	X
8		a)			X	X	X		X	X	X	X		X	X	X	X	X
9, 9A	b)	a), b), c)	b)	b)	X	X	X		X	X	X	X		X	X	X	X	X

X Zusammenladung zugelassen.

a) Zusammenladung mit Stoffen und Gegenständen der Verträglichkeitsgruppe 1.4S zugelassen.

b) Zusammenladung von Gütern der Klasse 1 mit Rettungsmitteln der Klasse 9 (UN-Nummern 2990, 3072 und 3268) zugelassen.

c) Zusammenladung von Sicherheitseinrichtungen, pyrotechnisch, der Unterklasse 1.4 Verträglichkeitsgruppe G (UN-Nummer 0503) mit Sicherheitseinrichtungen, elektrische Auslösung, der Klasse 9 (UN-Nummer 3268) zugelassen.

d) Zusammenladung von Sprengstoffen (ausgenommen UN 0083 Sprengstoff Typ C) mit Ammoniumnitrat (UN-Nummern 1942 und 2067), Ammoniumnitrat-Emulsion, -Suspension oder -Gel (UN-Nummer 3375), Alkalimetall-Nitraten und Erdalkalimetall-Nitraten zugelassen, vorausgesetzt, die Einheit wird für Zwecke des Anbringens von Großzetteln (Placards), der Trennung, des Verladens und der höchstzulässigen Ladung als Sprengstoffe der Klasse 1 betrachtet. Zu den Alkalimetall-Nitraten gehören Caesiumnitrat (UN 1451), Lithiumnitrat (UN 2722), Kaliumnitrat (UN 1486), Rubidiumnitrat (UN 1477) und Natriumnitrat (UN 1498). Zu den Erdalkalimetall-Nitraten gehören Bariumnitrat (UN 1446), Berylliumnitrat (UN 2464), Calciumnitrat (UN 1454), Magnesiumnitrat (UN 1474) und Strontiumnitrat (UN 1507).

Merke

✔ Das Zusammenladen verschiedener Gefahrzettelmuster auf einer Ladefläche = Fahrzeug ist verboten, außer, es ist ausdrücklich erlaubt.

Bei den UN-Nummern UN 2211 SCHÄUMBARE POLYMERKÜGELCHEN und UN 3314 KUNSTSTOFFPRESSMISCHUNG gilt ein Zusammenladeverbot mit Gütern der Klasse 1 mit Ausnahme der Unterklasse 1.4S.

6.4.11 Ladungssicherung

Bei scharfem Bremsen, bei Kurvenfahrt und beim Beschleunigen besteht die Gefahr, dass die Ladung auf der Ladefläche verrutscht, umfällt, verrollt oder gar von der Ladefläche herunterfällt. Infolge ungünstiger Beladung kann das Fahrzeug sogar umschlagen.

Infolge der ungewollten Bewegung einzelner Ladungsteile oder der gesamten Ladung können die Gefahrgutumschließungen so stark beschädigt werden, dass Gefahrgut frei wird. Deshalb müssen die einzelnen Teile einer Ladung auf dem Fahrzeug oder in einem Container so **verstaut** werden und durch geeignete Mittel so **gesichert** werden, dass unter verkehrsüblichen Bedingungen eine Bewegung verhindert wird, durch die die Ausrichtung der Versandstücke verändert wird oder die zu ihrer Beschädigung führt. Fahrzeuge oder Container müssen gegebenenfalls mit Einrichtungen für die Sicherung und Handhabung von Gefahrgütern ausgerüstet sein. Zu den verkehrsüblichen Bedingungen gehören auch **Vollbremsungen** aus der zulässigen Höchstgeschwindigkeit und plötzliche Ausweichbewegungen, aber keine Unfälle.

Das ADR verweist für die Ladungssicherung auf die EN 12195-1:2010. Diese gilt für Fahrzeuge mit einer zulässigen Gesamtmasse von mehr als 3,5 Tonnen. Für Fahrzeuge mit einer zGM von maximal 3,5 Tonnen gilt die VDI 2700. Auch der „CTU-Code" bietet Anleitungen für die Ladungssicherung. In Deutschland ist zudem § 22 StVO zu beachten.

Versandstücke dürfen nur gestapelt werden, wenn sie für diesen Zweck ausgelegt sind. Gegebenenfalls sind tragende Hilfsmittel dazwischen zu legen.

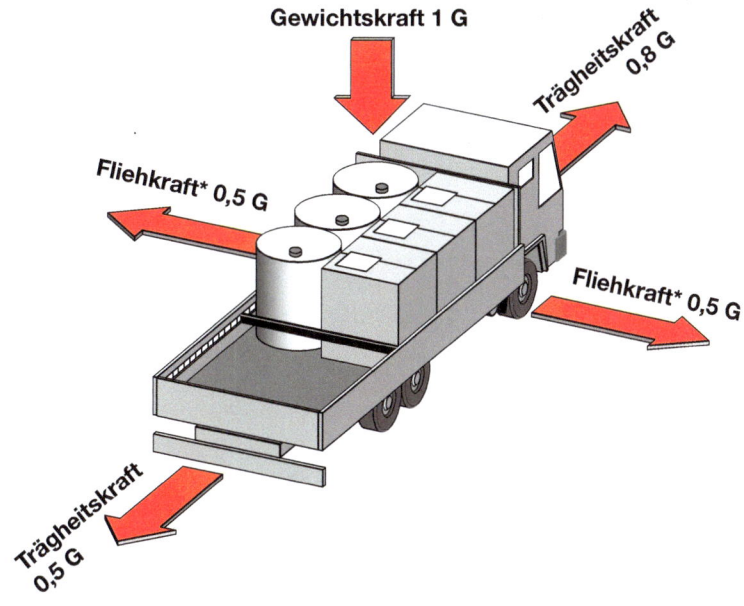

---

*) auch **Zentrifugalkraft** genannt
G = Gewichtskraft

Bei der Sicherung der Ladung muss davon ausgegangen werden, dass folgende Kräfte aufgenommen werden müssen:

Kräfte in Fahrtrichtung

Beim Bremsen ist die Ladung bestrebt, in Fahrtrichtung zu rutschen. Die ungesicherte Ladung fährt aufgrund ihrer Trägheit weiter, während das Fahrzeug darunter stehen bleibt. Dabei ist die Trägheitskraft umso größer, je stärker die Abbremsung ist. Die Trägheitskraft muss von den Ladungssicherungsmitteln aufgenommen werden. In Fahrtrichtung muss mit maximalen Trägheitskräften (F) in Höhe des 0,8fachen des Ladungsgewichts (G) für die Ladungssicherung gerechnet werden.

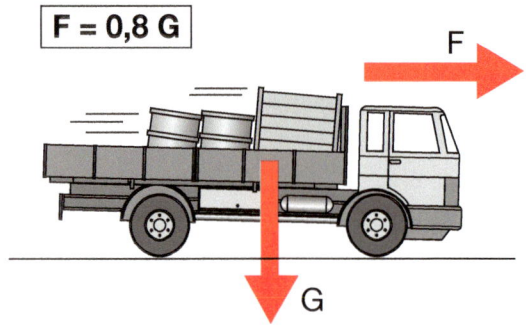

Beispiel: Ladungsgewicht 10 000 kg; Trägheitskraft max. 8000 daN

Kräfte entgegen der Fahrtrichtung

Beim Beschleunigen oder beim Bremsen aus der Rückwärtsfahrt sind Trägheitskräfte (F) bis zur Hälfte des Ladungsgewichts (G) zu berücksichtigen.

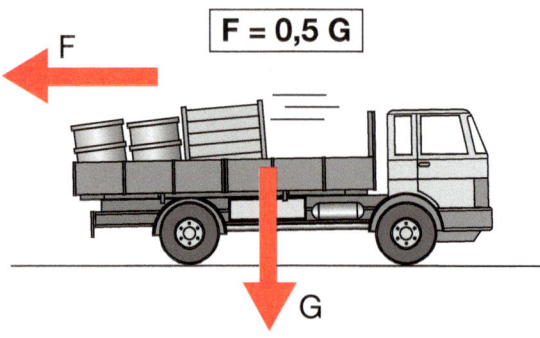

Beispiel: Ladungsgewicht 10 000 kg; Trägheitskraft max. 5000 daN

Kräfte bei Kurvenfahrt

Die bei Kurvenfahrt auf die Ladung wirkenden Fliehkräfte (Zentrifugalkräfte) sind umso größer, je höher die Geschwindigkeit und je enger die Kurve ist. Für die seitliche Absicherung der Ladung muss mit Fliehkräften (F) bis zur Hälfte des Ladungsgewichts (G) gerechnet werden. Bitte bedenken Sie die entstehenden Kräfte bei einer Autobahnabfahrt (Bremsen und Kurve).

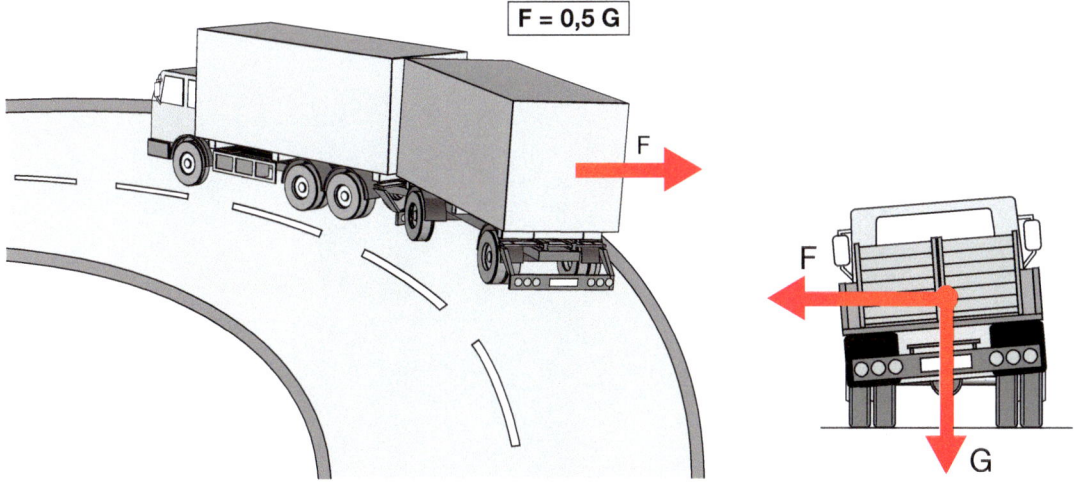

$$F = 0,5\,G$$

Beispiel: Ladungsgewicht 10 000 kg; Flieh(Zentrifugal-)kraft max. 5000 daN

Beispiele für Ladungssicherung

Fässer, auf Paletten gebändert und mit Deckelpaletten bzw. Holzunterlagen versehen, lassen sich als Ladeeinheiten gut sichern.

Vorbildliche Ladungssicherung mit arretierbaren Zwischenwänden.

Diese Fässer sind durch Klemmbalken in Längsrichtung und zusätzlich durch eine Direktzurrung in Längs- und Querrichtung gesichert.

Beispiele für mangelhafte Ladungssicherung

Der Sattelzug mit UN 2211 Schäumbare Polymer-Kügelchen kippte auf der Autobahn um, unter anderem, weil die IBC aus Pappe nicht ordnungsgemäß gesichert waren. Die Bergung dauerte die ganze Nacht hindurch bis morgens.

Der Sattelzug war mit Säure in Flaschen in Pappkartons beladen. Der Fahrer musste eine Vollbremsung auf der Autobahn durchführen. Nach vorn bestand kein Formschluss, die Ladung war nur mit einem Zwischenwandverschluss gesichert. Dadurch rutschte die Ladung nach vorn, Versandstücke wurden beschädigt und Säure lief aus.

Beispiele für mangelnde Ladungssicherung

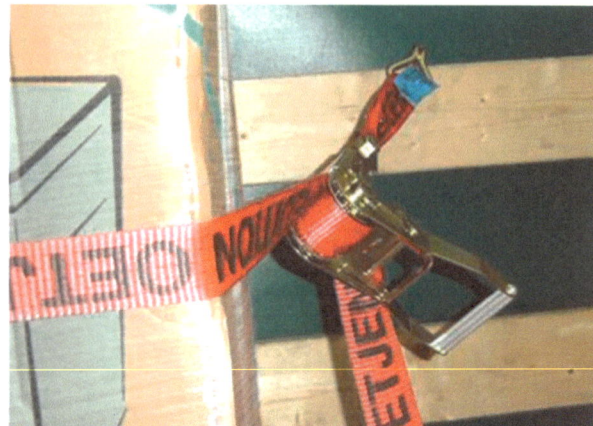

Das sind keine Zurrpunkte! So darf Ladung nicht gesichert werden!

Diese Ladung wurde gar nicht gesichert, also „lose Schüttung".

6.4.12 Verstauen

Beim Stauen der Ladung ist zu beachten:

- Der Fahrzeugaufbau muss geeignet sein, das Ladegut aufzunehmen.

- Die zulässige Gesamtmasse des Fahrzeugs sowie die zulässigen Achslasten dürfen nicht überschritten werden.

- Auch bei Teilbeladung sollte eine gleichmäßige Lastverteilung angestrebt werden, und zwar in Längs- und Querrichtung.

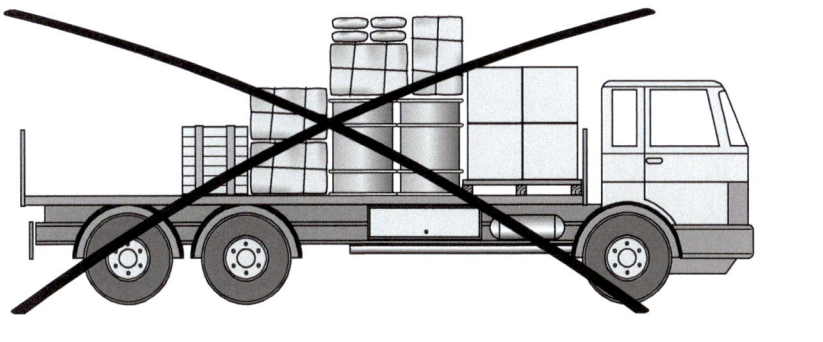

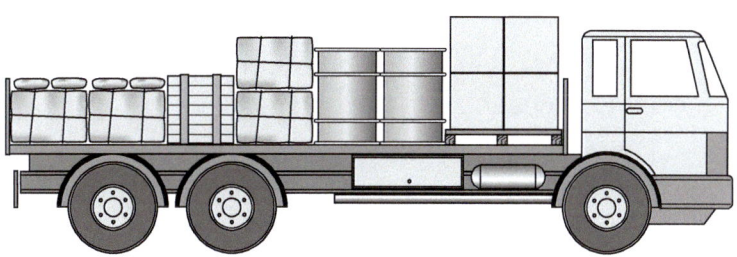

- Die Ladung ist so zu verstauen, dass der Schwerpunkt möglichst niedrig liegt.

- Zweckmäßigerweise wird so verstaut, dass nach vorgesehener Teilentladung die Restladung wieder einfach zu sichern ist.

- Stabile und standfeste Versandstücke (z.B. Fässer und Kisten) werden in den unteren Lagen verstaut, darüber können Güter in flexiblen oder empfindlicheren Verpackungen (z.B. Säcke) verstaut werden, aber nicht umgekehrt. Es darf gestapelt werden, wenn die Versandstücke dafür ausgelegt sind.

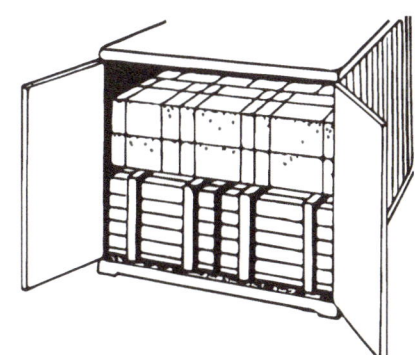

- Keine schweren Ladungen auf leichtere laden!

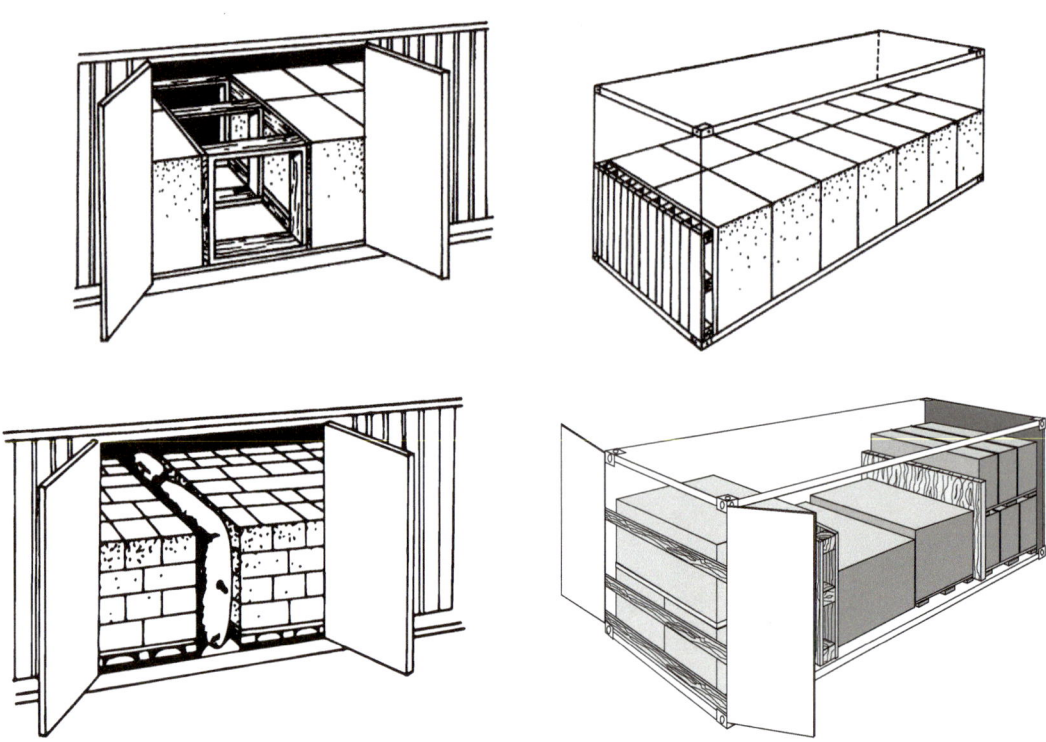

- Je nach ihrer Größe können Freiräume durch Verspreizungen, Paletten, Trennwände oder Luftkissen ausgefüllt werden.

- Durch Schrumpffolie können Kanister, Säcke und andere Versandstücke fest auf der Palette gehalten werden.

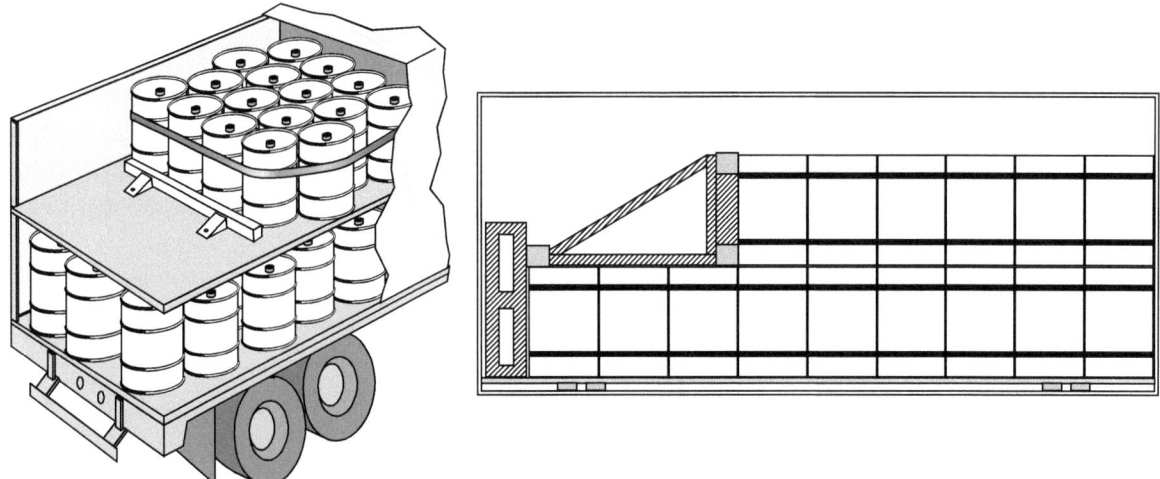

- Obere Lage ausreichend sichern

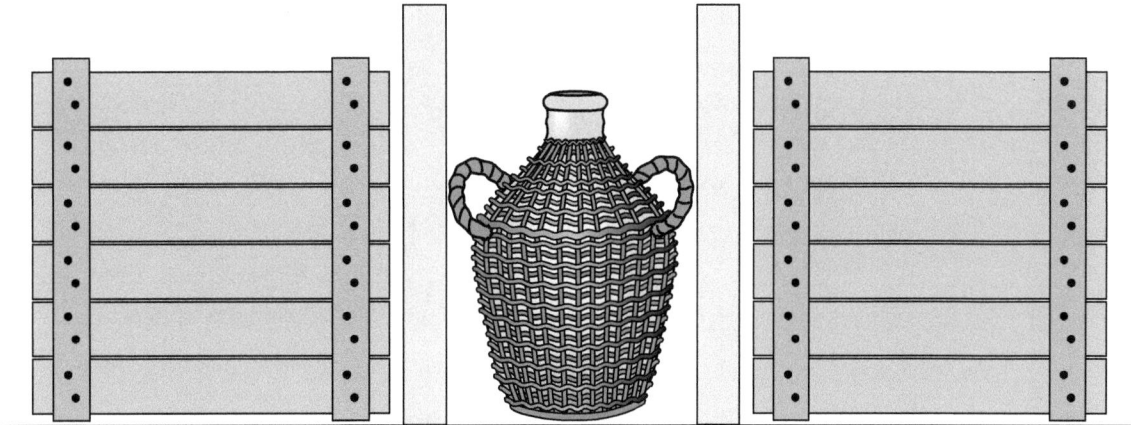

- Zerbrechliche Versandstücke sind vor Beschädigungen zu schützen.

6.4.13   Sicherungsmittel

Insbesondere wenn die Ladefläche nicht vollständig ausgefüllt ist, müssen die Ladungsteile mit geeigneten Mitteln gesichert sein. Der Beförderer hat lt. GGVSEB die geeigneten Mittel zur Verfügung zu stellen, nach 7.5.7.1 ADR muss die Ausrüstung auch vorhanden sein.

Beispiele für Ladungssicherungsmittel

- Zurrgurte mit Ratsche, die an Zurrpunkten angeschlagen werden.

Hochklappbare Elemente, die als Zurrpunkt dienen

- Klemmbretter (Zwischenwandverschluss) – nicht für schwere Versandstücke geeignet

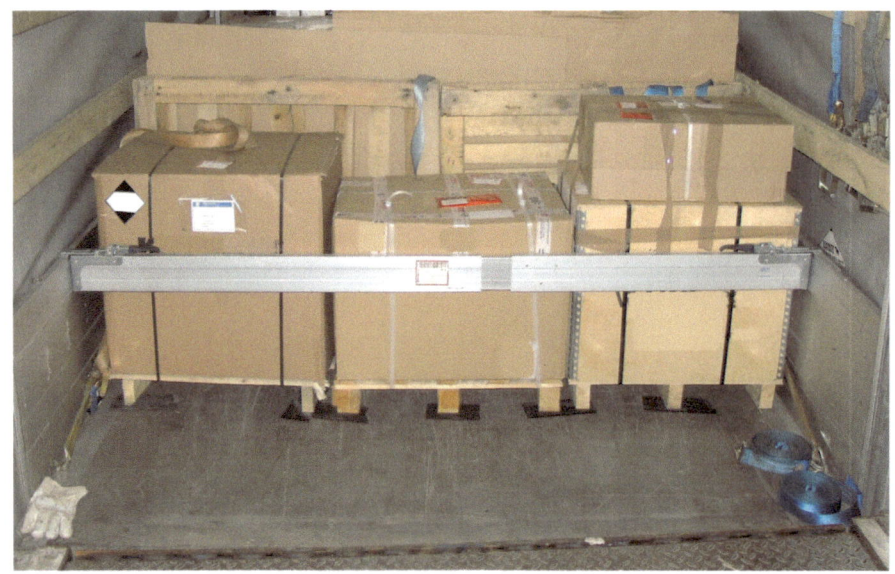

Zwischenwandverschlüsse halten nur begrenzt die Ladung zurück. Zusätzlich werden rutschhemmende Unterlagen verwendet.

- Planen sind zur Aufnahme von Ladungssicherungskräften in der Regel ungeeignet.

Palettierte Versandstücke können z.B. mittels Wickel- oder Schrumpffolie auf der Palette gehalten werden. Die Palette ist aber zusätzlich als Ganzes zu sichern. Bei niedriger Stapelhöhe reichen hier unter Umständen **rutschhemmende Unterlagen** (Antirutschmatten), die die Reibung erheblich erhöhen. Ihre Verwendung kann die Anzahl der Sicherungsmittel enorm verringern.

Palettierte Versandstücke in einem Container, seitlicher Formschluss durch Airbag

Mit Hilfe eines Gurtsystems auf der Palette festgezurrtes Fass

Freiräume auf der Ladefläche sind gegebenenfalls durch Airbags oder Paletten auszufüllen, um Formschluss herzustellen.

Sicherung schwerer Ladungsteile

Es ist ein weit verbreiteter Irrtum, dass schwere Güter nicht gesichert werden müssen, weil sie sich aufgrund ihres Gewichtes nicht bewegen können.

Das Gegenteil ist der Fall:

Wenn ein mit schwerer ungesicherter Ladung beladenes Fahrzeug plötzlich abbremst, kommt das Fahrzeug bald zum Stillstand, aber die Ladung behält zunächst ihre Geschwindigkeit bei und verschiebt sich mit ihrer gesamten Masse nach vorne. Insbesondere auf unebener Fahrbahn werden die Auflagekräfte der Ladung zum Teil erheblich reduziert, dadurch wird das Verrutschen noch erleichtert. Wenn große Massen erst einmal in Bewegung geraten sind, verschieben sie sich mit großer Energie und zerstören dabei nicht selten Teile des Fahrzeugs (Bordwände, Fahrerhaus).

Schwere Ladungsteile können gesichert werden

- durch Formschluss (z.B. Stirnwand, Einsteckrungen) in Kombination mit
- Niederzurren in Längs- oder Querrichtung und
- Schräg- oder Diagonalzurren.

Sowohl zum Niederzurren als auch zum Schräg- oder Diagonalzurren werden Zurrgurte, Zurrketten und Zurrseile verwendet.

Als zusätzliche Sicherung empfiehlt es sich, die Ladungsteile mit Holzkeilen und Balken festzulegen (Festlegehölzer).

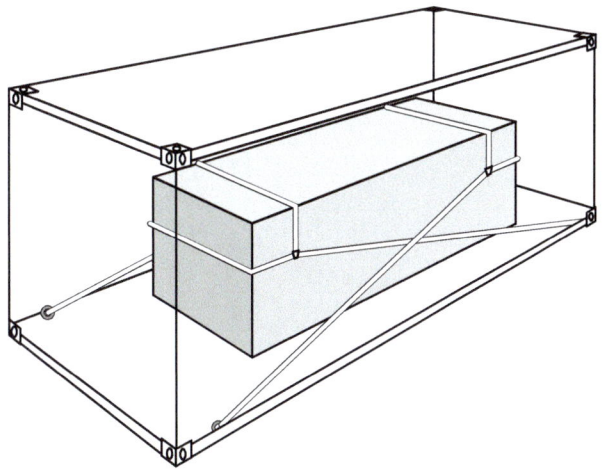

Diagonalzurren mit Kopfbuchte

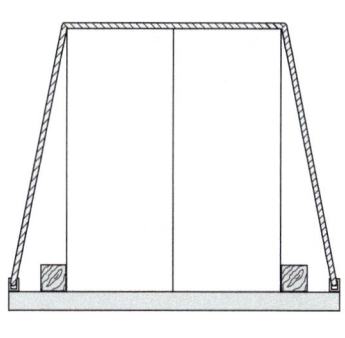

Niederzurren

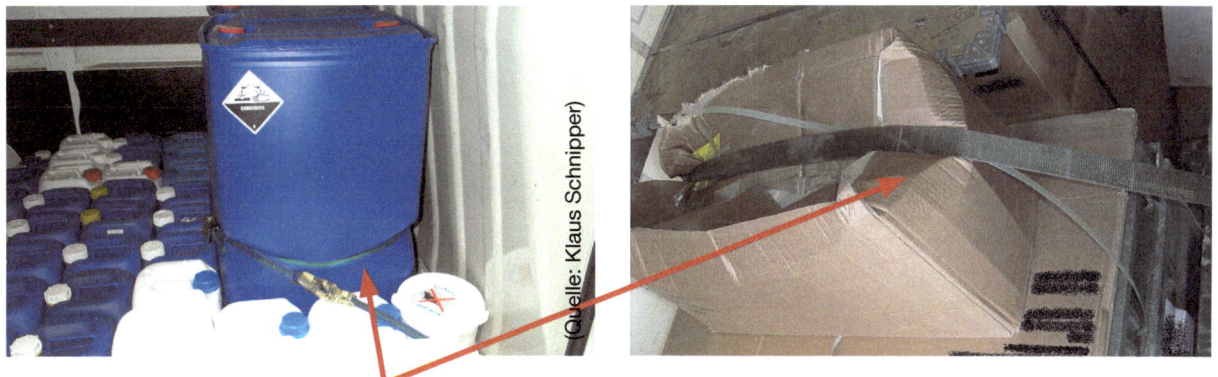

(Quelle: Klaus Schnipper)

Durch falsches Zurren beschädigte Versandstücke. Man beachte die „Taille" des Kunststofffasses.

Sicherungsmethoden mit Zurrgurten:

- Niederzurren
  Kraftschlüssiges Verfahren, bei dem durch die Vorspannkraft der Zurrgurte die Reibung erhöht wird. Bei der Verwendung von Gurten und Bändern dürfen die Versandstücke nicht verformt oder beschädigt werden.
- Diagonal-, Schräg- und Horizontalzurren
  Formschlüssiges Verfahren; durch das Abspannen der Zurrgurte kann sich das Gut nicht bewegen.

Verstauen von Gasflaschen

Stehende Gasflaschen

Gasflaschen, die stehend befördert werden, müssen in Vorrichtungen (Flaschenpaletten, spezielle Halterungen) gehalten werden. Flaschenpaletten müssen ihrerseits so gesichert werden (z.B. mit Zurrgurten), dass sie weder kippen noch verrutschen können.

Mit Zurrgurten gesicherte Paletten, die Gasflaschen enthalten.

Liegende Gasflaschen

Liegende Gasflaschen müssen so verkeilt oder befestigt werden, dass sie nicht verrollen oder sich verschieben können.

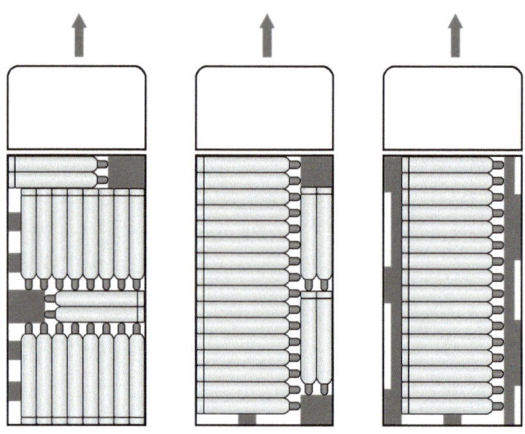

Beim Bremsen muss die Stirnwand der Ladefläche die Ladungssicherungskräfte aufnehmen, sofern keine andere Sicherung vorgenommen wurde. Damit die Stirnwand nicht extrem punktförmigen Belastungen ausgesetzt wird, müssen die Gasflaschen in der Nähe der Stirnwand (zumindest die erste Reihe) parallel zur Stirnwand, also quer zur Fahrtrichtung, angeordnet werden. Auf diese Weise wird die Last gleichmäßiger auf die Stirnwand verteilt. Grundsätzlich sollte darauf geachtet werden, dass die Begrenzung der Ladefläche (Bordwände, Kastenaufbau) nur begrenzt belastbar ist. Insbesondere reichen die Festigkeit und die Befestigung der serienmäßigen Bordwände zur Aufnahme der Ladungssicherungskräfte oftmals nicht aus, wenn Gasflaschen in mehreren Lagen übereinander befördert werden.

So nicht: Mit nur einem Zurrgurt ungenügend gesicherte Gasflaschen

Die Beförderung von Gasflaschen in Pkw ist verboten. Grundsätzlich ist gefordert, dass ein Gasaustausch zwischen dem Ladeabteil und dem Fahrerhaus verhindert werden muss.

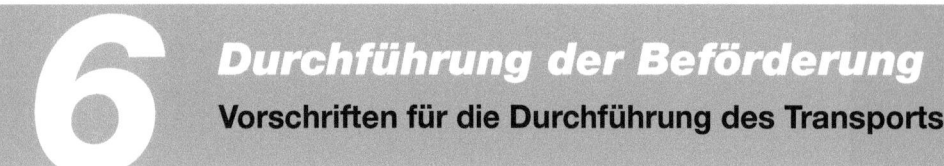
6.5 Vorschriften für die Durchführung des Transports

6.5.1 ADR-Tunnelregelung

Für das Durchfahren von Tunneln mit gefährlichen Gütern in kennzeichnungspflichtigen Mengen oder in begrenzten Mengen > 8 Tonnen gelten die ADR-Tunnelvorschriften. Die Tunnel sind, abhängig von der Bauweise, in 5 Kategorien eingeteilt. Mit Ausnahme einiger UN-Nummern (z.B. UN 2814, 2900, 2919, 3077, 3082, 3166, 3171, 3291, 3331, 3359, 3373, 3536, 3549) ist jedem Stoff oder Gegenstand ein Tunnelbeschränkungscode (TBC) – je nach der Gefährlichkeit – zugeordnet. **Gefährliche Güter in begrenzten Mengen mit mehr als 8 Tonnen Ladungsgewicht dürfen nicht durch Tunnel der Kategorie „E" transportiert werden.** Der Fahrzeugführer muss entsprechend seiner Ladung und den zu durchfahrenden Tunneln entscheiden, ob er die Tunnelstrecke benutzen darf oder die Umleitungsstrecke befahren muss.

In Deutschland gelten Beschränkungen für folgende Tunnel (Diese Liste wird entsprechend den Erfordernissen angepasst und ist daher nicht ohne Prüfung gültig):

Bezeichnung der Straße und/oder des Tunnels	Streckenkilometer und ggf. Ortslage	Tunnelkategorie und ggf. Zeitfenster	Bemerkungen
Baden-Württemberg			
B 38 – Saukopftunnel	Weinheim	E	Umleitung über B 3, L 3408 in Richtung Birkenau
B 312 – Bereich Flughafen Stuttgart	Netzknoten 7321 078 nach 7321 075 0+195 bis 0+704	E	unter Start- und Landebahn Flughafen Stuttgart
Gemeindestraße – Schlossbergtunnel	Heidelberg	E	Umleitung über Adenauerplatz – Sofienstraße – Neckarstaden (B 37)
B 10 – „Westringtunnel"	Ulm, Netzknoten/Stationierung 063/0.000 – 060/ 0.609; 0.000 – 061/0.294	E	
Wagenburgtunnel	Stuttgart	E	
Bayern			
Pferseer Unterführung	Augsburg Zentrum	B	
Berlin			
BAB A 100 (AS Schmargendorf)	km 1,4 – 1,931 zwischen den Ein- und Ausfahrten Mecklenburgische Straße und Schildhornstraße	E	geändert von „B" auf „E" seit 2018
Brandenburg	Keine Angabe		
Bremen	Keine Angabe		
Hamburg			
Wallringtunnel	Hamburg-Altstadt	E	
Tunnel Alsterkrugchaussee	Hamburg, Knoten Alsterkrugchaussee / Sengelmannstraße	E von 06.00 bis 21.00 Uhr, C in der übrigen Zeit	
A 7 – Stellingen	Hamburg	E, ganztägig	

Bezeichnung der Straße und/oder des Tunnels	Streckenkilometer und ggf. Ortslage	Tunnelkategorie und ggf. Zeitfenster	Bemerkungen
A 7 – Elbtunnel	Hamburg	E von 05.00 bis 23.00 Uhr, C in der übrigen Zeit	
Krohnstiegtunnel	Hamburg-Niendorf	E von 06.00 bis 21.00 Uhr, C in der übrigen Zeit	
Hessen	Keine Angabe		
Mecklenburg-Vorpommern	Keine Angabe		
Niedersachsen			
A 39 – Galerien Lindenberg und Heidberg		-	Aufhebung der bisher geltenden Beschränkung für die Durchfahrt ab 06.04.2016
A 38 – Heidkopftunnel			Aufhebung der bisher geltenden Beschränkung für die Durchfahrt
A 31 – Emstunnel		B	
B 437 – Wesertunnel			Aufhebung der bisher geltenden Beschränkung für die Durchfahrt
Nordrhein-Westfalen			
A 1 – Einhausung/Tunnel Köln-Lövenich	Köln-Lövenich		Aufhebung der bisher geltenden Beschränkung für die Durchfahrt
B 9 – Tunnel Bad Godesberg	Bonn – Bad Godesberg	E	
B 55a – Tunnel Grenzstraße	Köln-Buchforst	E ab 31. Kw 2013 bis Sanierungsende 2018	Geschwindigkeitsreduzierung im Tunnel auf 50 km/h und Verbot der Durchfahrt des Tunnels für den Schwerlastverkehr (ab 7,5 t).
B 61n – Streckenabschnitt 99,1 Weserauentunnel	B 61, Abschnitt 99,1, von Station 177 bis Station 1910/Porta Westfalica – Barkhausen	E	Kategorisiert seit 21.04.2011
Am Bahndamm, Verlängerung Trankgasse zum Konrad-Adenauer-Ufer	Innerorts Stadt Köln	E ab dem 15.12.2017 angeordnet	Verkehrsbehördliche Anordnung durch Stadt Köln, Amt für Straßen und Verkehrstechnik erfolgte am 15.12.2017
Rheinland-Pfalz	Keine Beschränkungen		
Saarland	Keine Beschränkungen		
Sachsen	Keine Beschränkungen		
Sachsen-Anhalt	Keine Beschränkungen		
Schleswig-Holstein	B 104 – Herrentunnel	E	Umleitung über Travemünder Allee (B 75), Eric-Warburg-Brücke (K 25), BAB A 1 und A 226
Thüringen			
A 71 – Tunnel Alte Burg	km 112,3 – 113,2	E	
A 71 – Tunnel Rennsteig	km 114,8 – 122,7	E	
A 71 – Tunnel Hochwald	km 123,6 – 124,3	E	
A 71 – Tunnel Berg Bock	km 126,4 – 129,0	E	

Grundsätzlich gelten die Tunnelvorschriften des ADR nur für kennzeichnungspflichtige Beförderungen (orangefarbene Tafeln offen an der Beförderungseinheit). Ausschlaggebend für das Befahren der Tunnel mit gefährlichen Gütern sind die Tunnelbeschränkungscodes der gefährlichen Güter, die sich aus dem/den Beförderungspapier/en ergeben.

Wichtig: Ist im Beförderungspapier kein Tunnelbeschränkungscode (TBC) angegeben und kommt der Fahrzeugführer mit einer gekennzeichneten Beförderungseinheit zu einem Tunnel mit der nebenstehenden Beschilderung, muss er die ausgewiesene Umleitungsstrecke befahren. Die Benutzung des Tunnels ist dann auf jeden Fall untersagt.

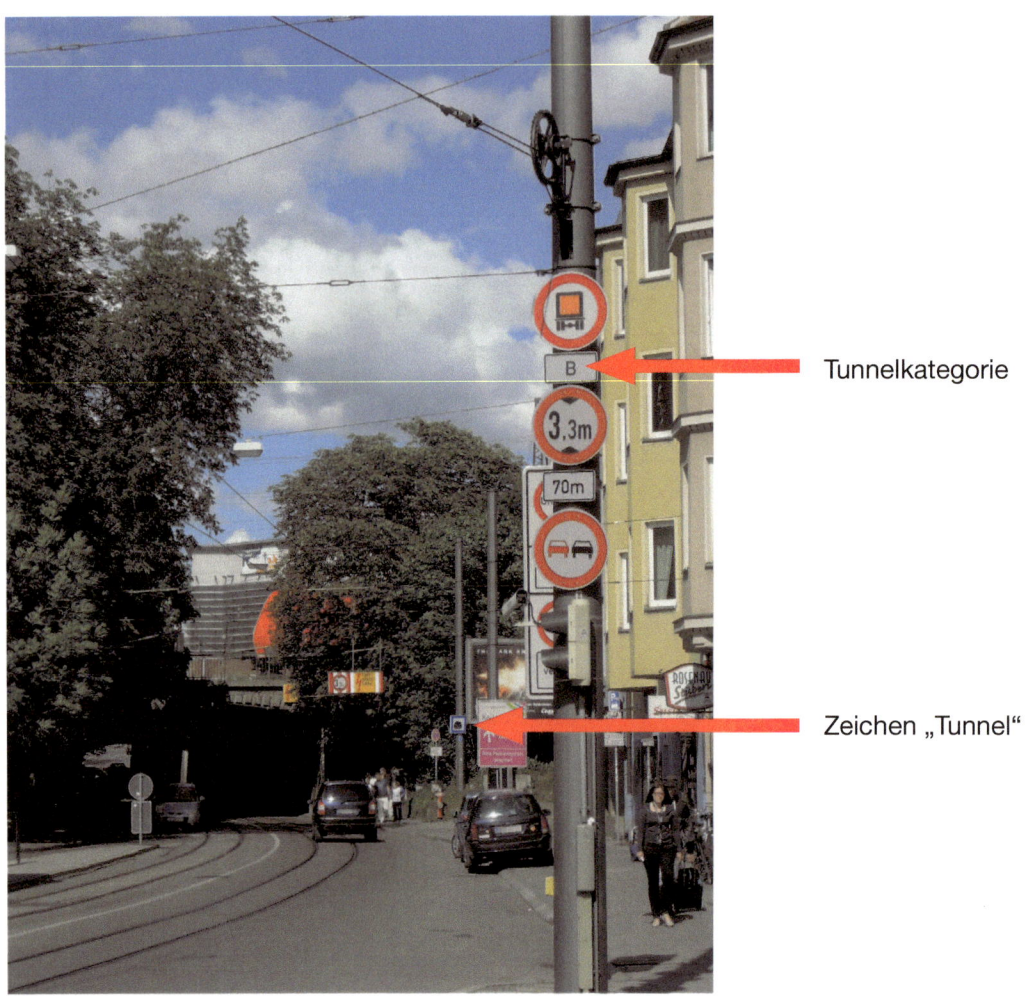

Tunnelkategorie

Zeichen „Tunnel"

Hinweis auf einen Tunnel der Tunnelkategorie B

Merke

✔ Die Tunnelkategorie E ist die „schärfste" aller Kategorien.
✔ Auch begrenzte Mengen > 8 t Bruttogesamtmasse dürfen nicht durch „E" fahren.

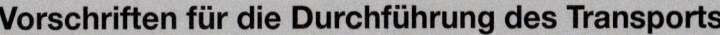

Wie funktionieren die Tunnelvorschriften mit dem Tunnelbeschränkungscode?

Gefahrgut mit Tunnelbeschränkungscode	(keine Beschränkung)	B	C	D	E
(B)	erlaubt	verboten	verboten	verboten	verboten
(B1000C)	erlaubt	erlaubt, falls NEM ≤ 1000 kg / verboten, falls NEM > 1000 kg	verboten	verboten	verboten
(B/D)	erlaubt	erlaubt, falls Versandstück / verboten, falls Tank	erlaubt, falls Versandstück / verboten, falls Tank	verboten	verboten
(B/E)	erlaubt	erlaubt, falls Versandstück / verboten, falls Tank	erlaubt, falls Versandstück / verboten, falls Tank	erlaubt, falls Versandstück / verboten, falls Tank	verboten
(C)	erlaubt	erlaubt	verboten	verboten	verboten
(C5000D)	erlaubt	erlaubt	erlaubt, falls NEM ≤ 5000 kg / verboten, falls NEM > 5000 kg	verboten	verboten
(D)	erlaubt	erlaubt	erlaubt	verboten	verboten
(C/D)	erlaubt	erlaubt	erlaubt, falls Versandstück / verboten, falls Tank	verboten	verboten
(C/E)	erlaubt	erlaubt	erlaubt, falls Versandstück / verboten, falls Tank	erlaubt, falls Versandstück / verboten, falls Tank	verboten
(D/E)	erlaubt	erlaubt	erlaubt	erlaubt, falls Versandstück / verboten, falls Tank/ lose Schüttung	verboten
(E)	erlaubt	erlaubt	erlaubt	erlaubt	verboten
(-) nur bei UN 2814, 2900, 2919*, 3077, 3082, 3166, 3171, 3291, 3331*, 3359, 3373, 3549 ◆ falls > 8 t je Beförderungseinheit	erlaubt	erlaubt	erlaubt	erlaubt	erlaubt

* = Kann durch Staaten anders festgelegt werden.

Übungsaufgaben zu den ADR-Tunnelvorschriften

Bitte bearbeiten Sie die folgenden Beispiele für die Anwendung der Tunnelvorschriften des ADR:

X = Verboten   ✓ = Erlaubt

1. Sie befördern folgendes Gefahrgut in kennzeichnungspflichtigen Mengen. Welche der aufgeführten Tunnelkategorien dürfen Sie durchfahren?
   UN 1396 Ammoniumpikrat, angefeuchtet, 4.1, I, (B)

TBC / Tunnelkat.	B	C	D	E
(B)				

2. Sie befördern folgende Gefahrgüter in kennzeichnungspflichtigen Mengen. Welche der aufgeführten Tunnelkategorien dürfen Sie durchfahren?
   UN 2289 Isophorondiamin, 8, III, (E)
   UN 1830 Schwefelsäure, 8, II, (E)

TBC / Tunnelkat.	B	C	D	E
(E)				

3. Sie befördern folgendes Gefahrgut in kennzeichnungspflichtigen Mengen in Versandstücken. Welche der aufgeführten Tunnelkategorien dürfen Sie nicht durchfahren?

   UN 2008 Zirkonium-Pulver, trocken, 4.3, I, (B/E)

TBC / Tunnelkat.	B	C	D	E
(B/E)				

4. Sie befördern folgende Gefahrgüter. Bei welcher aufgeführten Tunnelkategorie müssen Sie mit einem Verbot rechnen, das heißt, Sie dürfen den Tunnel nicht durchfahren?
   UN 3082 Umweltgefährdender Stoff, flüssig, n.a.g., 9, III, (-), 400 Kisten aus Pappe, 10.000 kg
   UN 1263 Farbe, Begrenzte Mengen 11.000 kg

TBC / Tunnelkat.	B	C	D	E
◆				

Merke

✔ gleicher Buchstabe Tunnelkategorie und Tunnelbeschränkungscode = Durchfahrt verboten, Durchfahrt auch durch „schwächere" Tunnel verboten

✔ unterschiedliche Tunnelbeschränkungscodes auf einer Beförderungseinheit = der restriktivste Tunnelbeschränkungscode gilt für die gesamte Beförderungseinheit unabhängig von der Menge

✔ kombinierte Tunnelbeschränkungscodes z.B. (D/E) = Buchstabe vor dem „/" Geltung immer für Tank, Buchstabe hinter „/" Geltung immer für Versandstücke („D" = Tank, „E" = Versandstücke)

✔ Lose Schüttung mit Ausnahme von (D/E) immer wie Versandstücke

6.5.2 Fahrpersonal

Die Führer von kennzeichnungspflichtigen Gefahrgutfahrzeugen müssen besonders ausgebildet sein.

Abgesehen von den Mitgliedern der Fahrzeugbesatzung dürfen keine Fahrgäste in kennzeichnungspflichtigen Gefahrgutfahrzeugen befördert werden. Zu den Mitgliedern der Fahrzeugbesatzung zählen Fahrer und jeder, der den Fahrer aus Sicherheits-, Sicherungs-, Ausbildungs- oder Betriebsgründen begleitet.

Die Schulung von Fahrzeugführern von Fahrzeugen mit festverbundenen Tanks oder Aufsetztanks über 1 m³ Fassungsraum, von Batterie-Fahrzeugen über 1 m³ und von Fahrzeugen mit Tankcontainern, ortsbeweglichen Tanks oder MEGC von über 3 m³ wird im Aufbaukurs Tank behandelt. Außerdem sind besondere Schulungen vorgesehen für Fahrzeugführer, die bestimmte Güter der Klassen 1 und 7 befördern.

Unterweisung

Personen, deren Arbeitsbereich die Beförderung gefährlicher Güter umfasst und die keine Fahrzeugführer-Schulung absolviert haben, müssen gemäß 1.3 ADR unterwiesen sein. Das gilt z.B. auch für Fahrzeugführer, die nur gefährliche Güter gemäß 1.1.3.6 ADR befördern.

6.5.3 Rauchverbot

Bei Ladearbeiten ist das Rauchen in der Nähe von Fahrzeugen und Containern sowie in den Fahrzeugen und Containern untersagt. Dies gilt auch bei nicht entzündbaren Gefahrgütern und bei Mengen gemäß 1.1.3.6 ADR. Während der Fahrt darf im Fahrerhaus geraucht werden (nicht bei Beförderung von Gütern der Gefahrklasse 1!).

Das Rauchverbot gilt auch für die Verwendung von elektronischen Zigaretten und ähnlichen Geräten.

6.5.4 Verbot von Feuer und offenem Licht

Der Umgang mit Feuer und offenem Licht ist in Deutschland verboten

- bei Be- und Entladearbeiten,
- in der Nähe von Versandstücken,
- in der Nähe von haltenden Fahrzeugen,
- in den Fahrzeugen.

Im Bereich des ADR gilt das Verbot nur für Güter der Klasse 1.

6.5.5 Tragbare Beleuchtungsgeräte

Die verwendeten Beleuchtungsgeräte dürfen keine Oberfläche aus Metall haben, durch die Funken erzeugt werden können.

Bei der Beförderung entzündbarer flüssiger Stoffe (Flammpunkt ≤ 60 °C) oder entzündbarer Gase in gedeckten Fahrzeugen kann es erforderlich sein, EX-geschützte Beleuchtungsgeräte (Zone-0-Handlungen) beim Betreten des Ladeabteils zu benutzen (*siehe auch Kapitel 4.3.1.3*).

6.5.6 Freigesetzte Gefahrgüter

Sofern aus einem Fahrzeug freiwerdende Gefahrgüter eine besondere Gefahr für Straßenbenutzer darstellen, und die Gefahr nicht rasch beseitigt werden kann, muss der Fahrzeugführer/ein Mitglied der Fahrzeugbesatzung die zuständige Behörde (Polizei) unverzüglich benachrichtigen oder benachrichtigen lassen.

6.5.7 Halten und Parken, Überwachung

Beförderungseinheiten mit Gefahrgütern dürfen nur mit **angezogener Feststellbremse** halten oder parken. Anhänger ohne Bremseinrichtung sind durch mindestens einen Unterlegkeil zu sichern.

Fahrzeuge, die gefährliche Güter in bestimmten Mengen (in Tabelle A Spalte 19 angegebene besondere Vorschriften S1 …) befördern, müssen beim Parken überwacht werden. In Deutschland sind gemäß GGVSEB alle mit orangefarbener Tafel kennzeichnungspflichtigen Fahrzeuge – auch Anhänger (ausgenommen UN 1202) – und Container zu überwachen.

Bei der **Auswahl von Parkplätzen** muss Folgendes beachtet werden:

Abgeschlossene Betriebsgelände sind für die Allgemeinheit nicht zugänglich. Abgeschlossen sind Betriebsgelände, bei denen der Zugang mit Schranke oder Tor beschränkt wird.

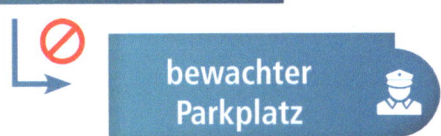

Die für die Aufsicht des bewachten Parkplatzes zuständige Person muss über das Gefahrgut und über den Aufenthaltsort des Fahrzeugführers unterrichtet sein (Angabe der Mobilnummer oder der Adresse des Fahrzeugführers oder der Adresse seines Aufenthaltsortes).

Es darf nicht die Gefahr bestehen, dass das Fahrzeug beschädigt wird.

Außerhalb von Lagern und Werksbereichen dürfen Beförderungseinheiten nur dann abgestellt werden, wenn sie vom Fahrzeugführer oder einer anderen Person überwacht werden. Die Person muss über die Gefährlichkeit der Ladung und den Aufenthalt des Fahrzeugführers informiert sein.

Wenn bei Nacht oder schlechter Sicht ohne Fahrzeugbeleuchtung gehalten oder geparkt wird, ist das Fahrzeug mit den Warnzeichen zu sichern. Halten oder Parken nur mit angezogener Feststellbremse. Anhänger ohne Bremseinrichtung sind durch mindestens einen Unterlegkeil zu sichern.

6.5.8 Verhalten bei schlechter Witterung

Bei Glätte und schlechter Sicht sind die Einschränkungen des § 2 Abs. 3a StVO zu beachten (*siehe Kapitel 1.6.6*).

Auf Rundfunkdurchsagen achten!

6.6 Fürs Gedächtnis

! Gefahrgüter in Versandstücken müssen so **gesichert** oder verstaut werden, dass sie ihre Lage während der Beförderung nicht verändern können.

! Die größten Kräfte wirken beim **Bremsen** auf die Ladung. Diesen Kräften muss durch Ladungssicherungsmaßnahmen begegnet werden.

! Vor Fahrtantritt ist eine **Abfahrtkontrolle** durchzuführen.

! **Nur** die **Fahrzeugbesatzung** darf bei Gefahrguttransporten mitfahren.

! Das **Rauchverbot** beim Be- und Entladen ist zu beachten. Das gilt auch für E-Zigaretten und ähnliche Geräte.

! Bei mehreren Parkmöglichkeiten ist der **sicherste Parkplatz** zu wählen. Überwachung!

! **Explosive Stoffe** dürfen mit anderen Gefahrgütern **nicht zusammengeladen** werden. Ausnahme: Gefahrzettel 1.4S ("sicher") zusammen mit anderen Gefahrgütern auf derselben Ladefläche erlaubt.

! **Beschädigte**, erkennbar unvollständige oder mit Anhaftungen versehene Versandstücke dürfen **nicht verladen** werden.

! Versandstücke **nicht öffnen**.

! **Giftige, ansteckungsgefährliche Güter** und Teile der Klasse 9 von Nahrungsmitteln trennen.

! **Ladungssicherungsmittel** bereithalten und pflegen.

! **Motor abstellen** bei Ladearbeiten.

! **Zerbrechliche** Versandstücke schützen.

! Versandstücke mit **Ausrichtungspfeilen** aufrecht stehend befördern.

! **Tunnelregelungen** (Durchfahrverbote) beachten.
Tunnelkategorie E ist am "schärfsten".

! Fahrzeug vor terroristischen Anschlägen **schützen**.

! Denken Sie bei Flüssigkeiten immer an die **Schwallwirkung**.

6.7 Kontrollfragen

1. Was soll durch die Ladungssicherung verhindert werden?

❏ A Umkippen oder Verschieben von Ladungsteilen

❏ B Verderben der Ladung

❏ C Chemische Reaktionen

❏ D Ladungsdiebstahl (6.4.11)

2. Welche Kräfte müssen durch die Ladungssicherung aufgenommen werden?

❏ A Trägheitskräfte beim Bremsen und Beschleunigen, Fliehkraft (Zentrifugalkraft)

❏ B Gewichtskraft beim Umstürzen des Fahrzeugs

❏ C Schwerkraft

❏ D Bremskraft (6.4.11)

3. Bei welchem Fahrmanöver sind die größten Belastungen der Ladung zu erwarten?

❏ A Beim Anfahren in Steigungen

❏ B Beim Bremsen

❏ C Bei Kurvenfahrt

❏ D Bei starkem Gasgeben auf gerader Strecke (6.4.11)

4. Sie durchfahren eine Autobahnabfahrt. Womit müssen Sie rechnen?

❏ A Die Ladung steht so stabil, ich muss mir keine Sorgen machen.

❏ B Durch das Betätigen der Bremsen und die bevorstehende Rechtskurve muss ich damit rechnen, dass sich nicht ausreichend gesicherte Ladungsteile nach vorne und zur Kurvenaußenseite bewegen.

❏ C Durch das Betätigen der Bremsen und die bevorstehende Rechtskurve muss ich damit rechnen, dass sich nicht ausreichend gesicherte Ladungsteile nach vorne und zur Kurveninnenseite bewegen.

❏ D Die Ladung wird durch die Trägheitskraft nach hinten verschoben. (6.4.11)

5. **Wie häufig ist eine Abfahrtkontrolle an Fahrzeugen durchzuführen?**

❏ A   Einmal wöchentlich, am besten montags

❏ B   Täglich

❏ C   Jeweils vor Fahrtantritt

❏ D   Jeweils am Monatsanfang   (6.2)

6. **Wann darf der Fahrzeugführer rauchen?**

❏ A   Während der Fahrt im Fahrerhaus

❏ B   Beim Beladen nicht brennbarer Güter

❏ C   Beim Entladen entzündbarer Güter

❏ D   Gar nicht   (6.5.3)

7. **Dürfen Sie E-Zigaretten während der Be- und Entladung gefährlicher Güter (nicht kennzeichnungspflichtig) benutzen?**

❏ A   Nein

❏ B   Bei nicht kennzeichnungspflichtigen Mengen interessiert das nicht.

❏ C   Solange der Entlader nichts dagegen hat, ja.

❏ D   Es dürfen keine Zigaretten und Zigarren geraucht werden. E-Zigaretten sind erlaubt.   (6.5.3)

8. **Giftige Güter (Klasse 6.1) dürfen mit Nahrungsmitteln ...**

❏ A   zusammen auf einem Fahrzeug befördert werden, wenn sie auf dem Fahrzeug getrennt gehalten werden.

❏ B   nicht auf dem gleichen Fahrzeug befördert werden.

❏ C   nicht in einer Beförderungseinheit, bestehend aus Lkw und Anhänger, befördert werden.

❏ D   nur auf Anhängern befördert werden.   (6.4.8)

9. **Was bedeutet der Begriff „Zusammenladeverbot"?**

❏ A Unterschiedliche Gefahrzettelmuster dürfen immer auf einer Ladefläche zusammen verladen werden.

❏ B Das Zusammenladeverbot gilt nur bei Gütern der Klassen 6.1, 6.2 und einigen UN-Nummern der Klasse 9.

❏ C Das Zusammenladeverbot gilt nur bei Beförderungseinheiten.

❏ D Zusammenladeverbot bedeutet, dass unterschiedliche Gefahrzettelmuster nicht zusammen auf einer Ladefläche verladen werden dürfen, außer es ist ausdrücklich erlaubt. (6.4.10)

10. **Welchen Zweck hat die Abfahrtkontrolle?**

❏ A Die Betriebs- und Verkehrssicherheit sowie die Vorschriftsmäßigkeit des Fahrzeugs sollen festgestellt werden.

❏ B Sie dient zur Überbrückung der Warmlaufphase des Motors.

❏ C Durch die Abfahrtkontrolle wird dem typischen Bewegungsmangel der Fahrzeugführer entgegengewirkt.

❏ D Sie muss nur bei steilen Abfahrten (über 7% Gefälle) durchgeführt werden. (6.2)

11. **Welche Personen dürfen im Fahrerhaus eines kennzeichnungspflichtigen Gefahrgutfahrzeugs mitfahren?**

❏ A Personal des Empfängers der Ladung

❏ B Nur Personen, die dem Fahrzeugführer persönlich bekannt sind

❏ C Das ist nicht geregelt

❏ D Nur Mitglieder der Fahrzeugbesatzung (6.5.2)

12. **Was ist beim Parken eines Gefahrgutfahrzeugs zu beachten?**

❏ A Beim Parken muss grundsätzlich die Parkleuchte eingeschaltet sein (auch tagsüber).

❏ B Die Feststellbremse muss angezogen sein.

❏ C Das Fahrzeug ist in Fahrtrichtung mit einem Unterlegkeil zu sichern.

❏ D Gefahrgutfahrzeuge dürfen nur unter Aufsicht parken. (6.4.4; 6.5.7)

13. Wer ist verpflichtet, bei Unfällen mit freigewordenem Gefahrgut die Polizei zu benachrichtigen?

❏ A   Der Fahrzeughalter

❏ B   Der Beförderer

❏ C   Die Mitglieder der Fahrzeugbesatzung

❏ D   Der Absender   (6.5.6)

14. Welche Versandstücke darf der Fahrzeugführer nicht zur Beförderung übernehmen?

❏ A   Versandstücke, die mit Anhaftungen des Füllgutes versehen sind

❏ B   Versandstücke, die mit zwei unterschiedlichen Gefahrzetteln versehen sind

❏ C   Versandstücke ohne Gefahrzettel

❏ D   Versandstücke, die in Folie eingeschrumpft sind   (6.4.1)

15. Infolge starken Schneefalls beträgt die Sichtweite unter 50 m. Wie müssen sich Fahrzeugführer kennzeichnungspflichtiger Fahrzeuge verhalten?

❏ A   Zur Weiterfahrt Nebelscheinwerfer und Nebelschlussleuchte einschalten.

❏ B   Die Fahrt darf nur noch mit Schneeketten fortgesetzt werden.

❏ C   Bei nächster Gelegenheit anhalten und warten, bis es aufhört zu schneien.

❏ D   Eine Gefährdung anderer Verkehrsteilnehmer muss ausgeschlossen bleiben. Wenn nötig, muss der nächste geeignete Platz zum Parken angefahren werden.   (6.5.8; 1.6.6)

16. Wie müssen einzelne Teile der Ladung verstaut und gesichert sein?

❏ A   Zu sichern sind nur besonders gefährliche Güter (§-35-Güter).

❏ B   Im innerstaatlichen Verkehr dürfen Ladungsteile bis zu 25 cm Abstand haben.

❏ C   Es sind grundsätzlich geeignete Mittel zu verwenden, die eine sichere Verstauung gewährleisten.

❏ D   Spezielle Sicherungen gelten nur für Klassen 1 und 7.   (6.4.11)

17. Welche der folgenden Vorschriften müssen auch bei der Beförderung von Mengen nach 1.1.3.6 ADR beachtet werden?

❏ A 2-kg-Feuerlöscher mitführen, Ladungssicherung

❏ B Fahrpersonal muss ADR-Schulungsbescheinigung haben

❏ C Kennzeichnung der Fahrzeuge mit orangefarbenen Tafeln

❏ D Die Fahrzeuge müssen mit CB-Funk ausgestattet sein.   (4.3.1.1; 6.3.3)

18. Darf ein Fahrzeugführer Versandstücke übernehmen, deren Gefahrzettel so beschädigt sind, dass sie nicht mehr zweifelsfrei erkennbar sind?

❏ A Nein, keinesfalls

❏ B Ja, wenn er die fraglichen Gefahrzettel abreißt

❏ C Ja, nach Nachfrage beim Absender

❏ D Ja, wenn er die Gefahrzettel nachmalt   (5.1.1)

19. Für welche Beförderungen gilt das ADR?

❏ A Für Gefahrgutbeförderungen auf öffentlichen Straßen und Wegen

❏ B Für Gefahrgutbeförderungen auf Seeschiffen

❏ C Für Gefahrgutbeförderungen auf Binnenschiffen

❏ D Nur für Gefahrgutbeförderungen mit der Eisenbahn   (1.3)

20. Sie befördern Gefahrgüter UN 1263 Farbe, 3, II, (D/E). Sie sollen bei der nächsten Ladestelle Feuerwerkskörper, UN 0337, Gefahrzettel 1.4S laden. Ist das erlaubt?

❏ A Nein

❏ B Ja, Gefahrzettelmuster 1.4S dürfen mit anderen Gefahrzettelmustern auf der gleichen Ladefläche geladen werden.

❏ C Nein, nur Gefahrzettelmuster 1.4G dürfen mit anderen Gefahrzettelmustern auf der gleichen Ladefläche geladen werden.

❏ D Das muss der Disponent entscheiden.   (6.4.10)

7 Pflichten und Verantwortlichkeiten, Sanktionen

7.1 Am Gefahrguttransport beteiligte Personen

In GGVSEB/ADR werden u.a. folgende am Transport Beteiligte genannt:

Absender

Befüller

Verlader

Beförderer

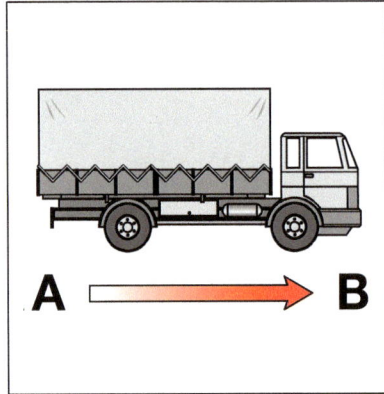

Empfänger

Entlader

Achtung! Stellt der Spediteur selbst den Beförderungsvertrag aus, so ist er Absender und Beförderer. Befördert eine Firma im Werkverkehr, so ist sie ebenfalls Beförderer, Absender und unter Umständen auch noch Verlader/Befüller und Empfänger.

Fahrzeugführer

Verpacker

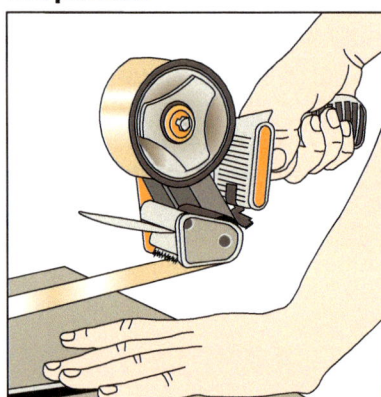

Gefahrgutbeauftragter

Jeder der Genannten hat besondere Aufgaben und Zuständigkeiten. Bei Nichtbeachtung der Vorschriften drohen Strafen.

7.1.1 Absender

Infos: Auftraggeber Produzent Verlader	Absender schließt Beförderungsvertrag mit Beförderer

Pflichten

Der Absender ...

- muss auf das **gefährliche Gut** (UN-Nummer, Benennung, Nr. des Gefahrzettels, Verpackungsgruppe) **hinweisen** (Dies darf auch elektronisch erfolgen, z.B. durch eine E-Mail oder SMS.)
- muss den Beförderer in **nachweisbarer Form** auf begrenzte/freigestellte Mengen **hinweisen** (Dies darf auch elektronisch erfolgen, z.B. durch eine E-Mail oder SMS.)
- muss bei besonders gefährlichen Gütern auf **§§ 35 und 35a GGVSEB** schriftlich oder nachweisbar elektronisch hinweisen
- muss für ein ordnungsgemäßes **Beförderungspapier** mit allen Eintragungen sorgen und mindestens 3 Monate aufbewahren
- muss im Beförderungspapier bei begasten Einheiten und Einheiten, die **Kühl- oder Konditionierungsmittel** (z.B. Trockeneis, Argon) enthalten, entsprechende Eintragungen vornehmen
- muss sich vergewissern, ob Güter zur Beförderung **zugelassen** sind
- muss dem Beförderer erforderlichenfalls **Ausnahme** besorgen und für Eintrag im Beförderungspapier sorgen
- muss für Verwendung **zugelassener** und geeigneter **Verpackungen**, IBC ... sorgen
- muss den Verlader auf **Begasung** von Güterbeförderungseinheiten schriftlich oder nachweisbar elektronisch hinweisen und Sprache für das Warnkennzeichen angeben

Weitere Pflichten des Absenders siehe §§ 18, 27 GGVSEB

Zusätzlich allgemeine Sicherheitspflichten

7.1.2 Verlader

Infos:
Produzent
Auftraggeber

Verlader verlädt einen Container, Schüttgut-Container, Tankcontainer oder ortsbeweglichen Tank auf ein Fahrzeug

Verlader übergibt das Gefahrgut zur Beförderung

Verlader verlädt verpackte gefährliche Güter, Kleincontainer oder ortsbewegliche Tanks in oder auf ein Fahrzeug oder in einen Container

Pflichten

Der Verlader …

- muss den Fahrzeugführer auf das Gefahrgut **hinweisen** (vollständige Angaben)
- muss den Fahrzeugführer bei besonders gefährlichen Gütern auf die **§§ 35 bis 35c GGVSEB** schriftlich oder nachweisbar elektronisch hinweisen
- darf nur **zugelassene Güter** zur Beförderung übergeben
- muss **Zusammenladeverbot** beachten
- darf **Versandstücke nur unversehrt/unbeschädigt**, ohne Produktanhaftung und vorschriftsmäßig verschlossen übergeben (auch bei begrenzten/freigestellten Mengen)
- hat dafür zu sorgen, dass an Containern mit Versandstücken Großzettel (Placards), die orangefarbenen Tafeln und das Kennzeichen für umweltgefährdende Stoffe angebracht sind
- muss Vorsichtsmaßnahmen bei **Nahrungs-, Genuss- und Futtermitteln** beachten
- hat für Anbringung des Warnkennzeichens **„begaste Güterbeförderungseinheit"** und **„Kühl- und Konditionierungsmittel"** zu sorgen
- hat dafür zu sorgen, dass bei Verwendung von **Trockeneis** die entsprechenden Maßnahmen ergriffen werden
- hat für die Kennzeichnung für **begrenzte Mengen** der Beförderungseinheit/des Containers mit dem Kennzeichen für begrenzte Mengen zu sorgen
- muss für Einhaltung der höchsten **Anzahl „freigestellter" Versandstücke** sorgen
- hat dafür zu sorgen, dass bei der Verladung von Tankcontainern oder MEGC diese so verladen werden, dass sie gegen seitliches oder rückwärtiges Anfahren geschützt sind

Darüber hinaus hat der Verlader in **Zusammenarbeit mit dem Fahrzeugführer** die Pflicht, Vorschriften, die z.B. die Eignung des zu beladenden Fahrzeugs betreffen, einzuhalten (wie: gedecktes/bedecktes/offenes Fahrzeug, Reinigung vor Beladung, Ladungssicherung).

Weitere Pflichten des Verladers siehe §§ 21, 27, 29 GGVSEB

Zusätzlich: allgemeine Sicherheitspflichten

7.1.3 Beförderer

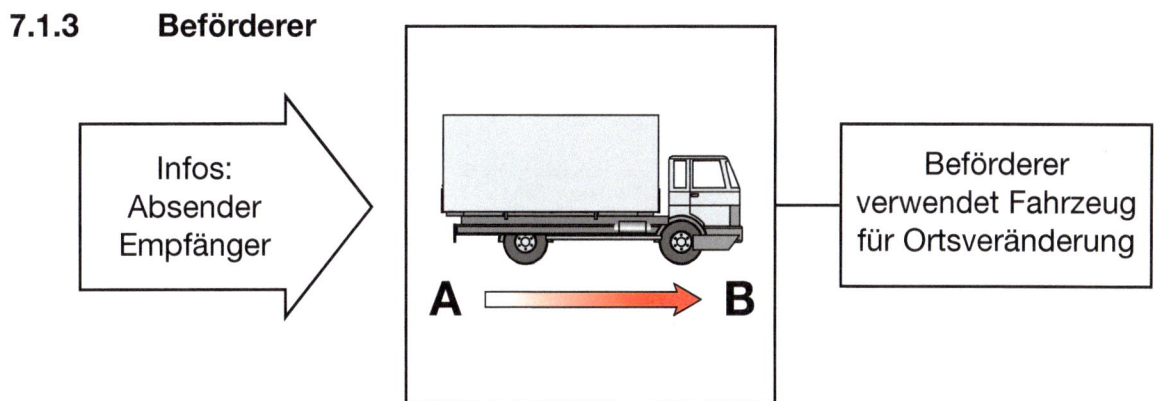

Infos:
Absender
Empfänger

A → B

Beförderer verwendet Fahrzeug für Ortsveränderung

Pflichten

Der Beförderer …

– darf in Tanks, in Containern und in loser Schüttung nur befördern, wenn diese **Beförderungsart** zulässig ist

– darf nur **geschulte Fahrzeugführer** einsetzen

– muss dem Fahrzeugführer die **Beförderungspapiere** (auch Ausnahme, ggf. Prüfbescheinigung Aufsetztank, Fahrwegbestimmung) besorgen

– muss **Kopien** der Beförderungspapiere und zusätzliche Informationen und Dokumentationen mind. 3 Monate **aufbewahren**

– muss dem Fahrzeugführer die sonstige und persönliche **Schutzausrüstung** besorgen und ihn in die Bedienung einweisen

– muss Vorschriften über **Fahrzeugarten** (bedeckte/gedeckte Fahrzeuge) beachten

– muss **schriftliche Weisungen** in der Sprache der Fahrzeugbesatzung bereitstellen und dafür sorgen, dass diese sie richtig anwenden kann

– hat Vorschriften über **Mengenbegrenzungen** einzuhalten

– muss geeignete und ausreichende **Ladungssicherungsmittel** zur Verfügung stellen

– muss sich über Anbringung von Warnkennzeichen „**begaste Güterbeförderungseinheit**" vergewissern

– muss dafür sorgen, dass das Kennzeichen für **begrenzte Mengen** angebracht wird

– hat die Beförderungseinheit mit geprüften und geeigneten **Feuerlöschgeräten** auszurüsten

– muss für **Großzettel, orangefarbene Tafeln** und nötige **Kennzeichen** sorgen

– hat dafür zu sorgen, dass im innerstaatlichen Verkehr die **Vorschrift über Abstellen** von kennzeichnungspflichtigen Beförderungseinheiten eingehalten werden kann

– hat dafür zu sorgen, dass die **Überwachungsvorschriften** beim Abstellen kennzeichnungspflichtiger Beförderungseinheiten gemäß ADR und bei innerstaatlichen Transporten auch die abweichenden Vorschriften der Anlage 2 GGVSEB beachtet werden

– hat bei der Beförderung **erwärmter** flüssiger oder fester **Stoffe** die Vorschriften des § 36b GGVSEB zu beachten

– hat dafür zu sorgen, dass die Dokumente den Hinweis auf Kühl- bzw. Konditionierungsmittel bzw. auf **Trockeneis** als Ladung enthalten

Weitere Pflichten des Beförderers siehe §§ 19, 27, 29 GGVSEB

Zusätzlich: allgemeine Sicherheitspflichten

7.1.4 Empfänger

Pflichten

Der Empfänger …

– muss Gefahrgüter **ohne Verzögerung** annehmen,
– darf die Annahme gefährlicher Güter **nicht** ohne zwingenden Grund **verweigern**,
– muss nach Entladen prüfen, dass die ihn betreffenden **ADR-Vorschriften einge-halten** worden sind,
– darf, wenn diese Prüfung bei einem Container einen Verstoß gegen ADR-Vorschrif-ten aufzeigt, den Container erst **nach Behebung des Verstoßes** zurückstellen

Weitere Pflichten des Empfängers siehe §§ 20, 27, 29 GGVSEB

**Zusätzlich
allgemeine Sicherheitspflichten**

7.1.5 Entlader

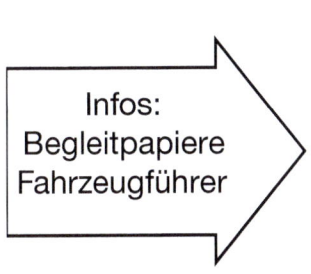

Infos:
Begleitpapiere
Fahrzeugführer

Entlader ist, wer
- verpackte gefährliche Güter aus oder von einem Fahrzeug oder Container entlädt
- gefährliche Güter aus einem Tank usw. entleert
- Container von einem Fahrzeug absetzt.

Pflichten

Der Entlader …

- hat sich durch **Vergleich der Informationen** im Beförderungspapier und auf Versandstück, Container, Tank, MEGC zu vergewissern, dass die richtigen Güter ausgeladen werden
- hat vor und während der Entladung zu **prüfen**, ob Verpackungen, der Tank, das Fahrzeug oder der Container so stark **beschädigt** sind, dass eine Gefahr für den Entladevorgang entsteht
- hat unmittelbar nach der Entladung gefährliche **Rückstände** zu **entfernen** und den Verschluss der Ventile und Besichtigungsöffnungen **sicherzustellen**
- hat sicherzustellen, dass vorgeschriebene **Reinigung und Entgiftung** vorgenommen wird
- hat dafür zu sorgen, dass bei vollständig entladenen Fahrzeugen, Beförderungsmitteln und Containern **Großzettel, Kennzeichen und orangefarbene Tafeln nicht mehr sichtbar** sind
- hat das **Warnkennzeichen** für begaste Einheiten nach Belüftung und Entladung zu **entfernen**
- hat den **Fahrzeugführer** vor der erstmaligen Verwendung in die Handhabung der Entleerungseinrichtung **einzuweisen**

Weitere Pflichten des Entladers siehe §§ 23a, 27, 29 GGVSEB

**Zusätzlich
allgemeine Sicherheitspflichten**

7.1.6 Fahrzeugführer

Infos:
Beförderer
Begleitpapiere
Befüller
Schriftliche
Weisungen

Fahrzeugführer
ist, wer das
Fahrzeug lenkt

Pflichten

Der Fahrzeugführer ...

– darf keine **beschädigten oder erkennbar unvollständigen oder mit Anhaftungen versehenen Versandstücke** befördern

– muss die **Begleitpapiere**, insbesondere seine gültige **ADR-Schulungsbescheinigung**, Lichtbildausweis[*] und erforderlichenfalls **Ausnahme** mitführen

– muss die persönliche und sonstige **Schutzausrüstung** und **Feuerlöscher** entsprechend den Vorschriften mitführen

– muss **orangefarbene Tafeln, Großzettel und Kennzeichen** (z.B. begrenzte Mengen, erwärmte Stoffe oder umweltgefährdende Stoffe) an Fahrzeugen, Aufsetztanks und im Huckepackverkehr an Tragwagen anbringen bzw. entfernen

– muss **Motor** beim Be- und Entladen möglichst **abstellen**

– darf bei Ladearbeiten in der Nähe der Fahrzeuge und in Fahrzeugen **nicht rauchen** (Das gilt auch für E-Zigaretten und ähnliche Geräte.)

– muss möglichst **sicheren Parkplatz** aussuchen

– muss die **Überwachungsvorschriften** beim Parken einhalten

– muss beim Halten/Parken die **Feststellbremse** anziehen/Unterlegkeil bei Anhängern

– muss bei Gefahr die in den schriftlichen Weisungen beschriebenen **Maßnahmen** treffen

– darf bei der Gefahrgutbeförderung **nur Fahrzeugbesatzung mitnehmen**

– hat ggf. **Tunnelbeschränkungen** zu beachten

– muss die **zuständige Behörde informieren**, wenn bei Zwischenfällen Gefahr nicht rasch beseitigt werden kann (u.a. Gefahrgut-Freisetzung)

– muss bei Sicherheitsverstößen die Sendung rasch **anhalten**

– muss dafür sorgen, dass das Fahrzeug **nicht überladen** ist bzw. der Füllungsgrad eingehalten wird

– darf nur **beladen,** wenn Fahrzeug und Begleitpapiere vorschriftsmäßig sind

– muss beim Befüllen von Tankcontainern und Aufsetztanks anhaftende gefährliche **Füllgutreste** beseitigen oder beseitigen lassen

---

*) *In D. gilt gemäß RSEB auch die ADR-Schulungsbescheinigung in Kartenform als Lichtbildausweis.*

Infos:
Beförderer
Begleitpapiere
Befüller
Schriftliche
Weisungen

Fahrzeugführer
ist, wer das
Fahrzeug lenkt

Pflichten

Der Fahrzeugführer ...

– darf nur **entladen,** wenn eine sichere Entladung möglich ist
– muss Vorsichtsmaßnahmen bei **Nahrungs-, Genuss- und Futtermitteln** beachten
– muss für eine geeignete **Ladungssicherung** sorgen
– muss **Fahrwegbestimmung** beachten, mitführen und zuständigen Personen zur Prüfung aushändigen
– muss **Zusammenladeverbote** beachten
– darf Fahrzeug nicht mit **Beleuchtungsgeräten** mit offener Flamme oder mit funkenerzeugender Oberfläche betreten
– darf nicht unter Wirkung **berauschender Mittel** fahren
– muss dafür sorgen, dass bei Beförderungseinheiten mit ABS die elektrischen **Anschlussverbindungen** zum Anhänger während der Fahrt **nicht unterbrochen** werden

Darüber hinaus hat der Fahrzeugführer in **Zusammenarbeit mit dem Verlader/Empfänger** die Pflicht, Vorschriften, die z.B. die Eignung des zu beladenden Fahrzeugs betreffen, einzuhalten (wie: gedecktes/bedecktes/offenes Fahrzeug, Reinigung vor Beladung)

Weitere Pflichten des Fahrzeugführers siehe §§ 4, 26 (4), 28, 29 GGVSEB sowie z.B. 8.3 ADR.

Zusätzlich
allgemeine Sicherheitspflichten

7.1.7 Befüller

Infos:
Beförderer
Begleitpapiere
Verlader
Absender
Fahrzeugführer
TC-Betreiber
andere Beteiligte

Befüller ist das Unternehmen, das
– selbst befüllt oder
– befüllen lässt.

Pflichten

Der Befüller ...

- darf Tanks nur mit den **zulässigen Gefahrgütern** befüllen
- muss dafür sorgen, dass der **Füllungsgrad** eingehalten wird
- muss dafür sorgen, dass ggf. **ADR-Zulassungsbescheinigung** gültig ist
- muss dafür sorgen, dass **keine Füllgutreste** anhaften
- hat dafür zu sorgen, dass bei **wechselweiser Verwendung** die Entleerungs-, Reinigungs- und Entgasungsmaßnahmen durchgeführt werden
- muss dafür sorgen, dass Vorschriften über **lose Schüttung** eingehalten werden
- muss den Fahrzeugführer in Fülleinrichtung **einweisen**
- muss **Rauchverbot** beachten
- muss **Dichtheit** der Verschlusseinrichtung prüfen
- muss dafür sorgen, dass an Tankcontainern, MEGC und Containern **orangefarbene Tafeln/Großzettel** und **Kennzeichen** angebracht sind
- muss dem Fahrzeugführer die **Angaben** zum Gefahrgut (z.B. UN-Nummer, Nummer zur Kennzeichnung der Gefahr ...) **mitteilen** und ggf. auf §§ 35 und 35a GGVSEB schriftlich oder nachweisbar elektronisch hinweisen
- darf bei **Überfüllung** nicht befördern lassen
- hat dafür zu sorgen, dass an Fahrzeugen, Tankcontainern und ortsbeweglichen Tanks die Maßnahmen zur **Vermeidung elektrostatischer Aufladung** durchgeführt werden
- darf Tanks nur befüllen, wenn sich die Tanks und ihre Ausrüstungsteile in einem **technisch einwandfreien Zustand** befinden
- muss für Einhaltung der Verwendungsvorschriften für **flexible Schüttgutcontainer** sorgen

Weitere Pflichten des Befüllers siehe §§ 23, 27 GGVSEB

**Zusätzlich
allgemeine Sicherheitspflichten**

7.1.8 Sonstige Verantwortliche z. B. Verpacker, Betreiber von Tankcontainern

Beim Transport gefährlicher Güter gibt es noch eine Reihe weiterer Verantwortlicher, die für bestimmte Tätigkeiten benannt werden. So ist z.B. der Verpacker dafür verantwortlich, dass die richtige Verpackung verwendet und gekennzeichnet wird. Der Verpacker hat z.B. die Ausrichtungspfeile anzubringen.

Er muss die Vorschriften beachten betreffend

- Verpacken, Umverpacken und Kennzeichnen begrenzter und freigestellter Mengen
- Prüfung der Dichtheit nach dem Befüllen von Druckgefäßen, Verpackungen (einschließlich IBC, Großverpackungen)
- Zusammenpacken, Kennzeichnung und Bezettelung, wenn eine See- oder Luftbeförderung eingeschlossen ist
- Verwendung von Umverpackungen, **Sichern der Versandstücke in den Umverpackungen**

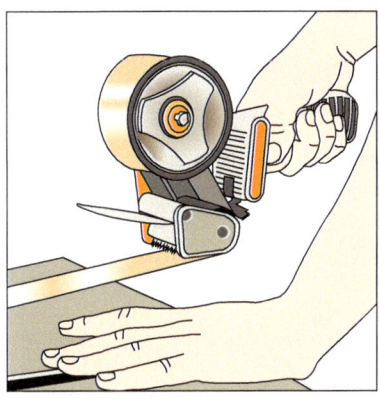

Der **Betreiber von Tankcontainern** hat dafür zu sorgen, dass die Tankcontainer auch zwischen den Prüfterminen den Bau-, Ausrüstungs- und Kennzeichnungsvorschriften entsprechen.

Hersteller von serienmäßig hergestellten Verpackungen dürfen die Kennzeichnung der Zulassung nur anbringen, wenn die Verpackung der zugelassenen Bauart entspricht.

Merke

✔ Jeder hat allgemeine Sicherheitspflichten.

7.1.9 Gefahrgutbeauftragter

Infos: Schulung

In Unternehmen, die an der Beförderung gefährlicher Güter beteiligt sind

Pflichten
Der Gefahrgutbeauftragte …
– muss Einhaltung der Gefahrgutvorschriften **überwachen**
– muss **Mängel**, die die Sicherheit beeinträchtigen, an Geschäftsleitung melden
– muss Unternehmen **beraten**
– muss darauf hinwirken, dass die Gefahrgutvorschriften **eingehalten** werden
– muss **Jahresbericht** fertigen
– muss **Unfallbericht** fertigen (falls erforderlich)
– sollte **Aufzeichnungen** über **Fahrzeugführerschulung** machen
– sollte **Aufzeichnungen** über **Ablaufdaten** von Ausrüstungsgegenständen (z.B. Augenspülflasche, Atemschutzfilter) machen.

Merke

✔ Der Gefahrgutbeauftragte ist ein Fachmann, bei dem sich auch der Fahrzeugführer erforderlichenfalls Rat und Hilfe holen kann.

7.2 Straf- und Bußgeldbestimmungen

- Vorschriften zur Sicherheit erfüllen nicht ihren Zweck, wenn sie nicht eingehalten werden.

- Im Interesse der Sicherheit für sich selbst und für die Umwelt und Allgemeinheit sollte jeder an der Einhaltung der Vorschriften interessiert sein.

- Die Einhaltung der Vorschriften wird kontrolliert durch

  - Werkschutz (soweit vorhanden)

  - Verkehrspolizei

  - Gewerbeaufsicht/Ämter für Arbeitssicherheit

  - Zoll/Bundespolizei (nur an EU-Außengrenzen)

  - Bundesamt für Güterverkehr (BAG).

- Verstöße gegen die Vorschriften werden geahndet durch:

  - Verwarnung
    Verwarnungsgeldkatalog (RSEB, Regelsätze zwischen 10 und 35 € für den Fahrzeugführer)

  - Bußgeldverfahren
    Bußgeldbeträge nach dem Gefahrgut-Bußgeldkatalog (Regelsätze zwischen 100 und 1.500 € für den Fahrzeugführer)

    Erhöhung der Bußgeldsätze nach StVO/StVZO, wenn Gefahrgut befördert wird.

  - **Ein Punkt** im Fahreignungsregister
    Bei fehlender oder nicht vorschriftsgemäßer Ladungssicherung (7.5.7.1 ADR i.V.m. § 37 GGVSEB)

- Bei schweren Vergehen gegen die Gefahrgutvorschriften droht Bestrafung nach dem Strafgesetzbuch (Geldstrafen sowie Haftstrafen bis 10 Jahre).

Merke

✔ Jeder, der einen Schaden herbeiführt, haftet dafür unbegrenzt (§ 823 BGB)

7.3 Fürs Gedächtnis

! An **Gefahrguttransporten** können u.a. folgende Personen **beteiligt** sein:

- Auftraggeber des Absenders
- Absender
- Verlader
- Beförderer
- Fahrzeugbesatzung
- Empfänger
- Entlader
- Befüller
- Verpacker

! Den einzelnen Personen obliegen Pflichten.
Bei **Pflichtverletzung** drohen empfindliche **Bußgelder**.

! Der **Fahrzeugführer** hat insbesondere Pflichten, die sich beziehen auf:

- Vollständigkeit und Funktionsfähigkeit der Ausrüstung
- Begleitpapiere
- Kennzeichnung/Entfernen der Kennzeichnung
- Rauchverbot
- Halten und Parken
- Vorschriftsmäßigkeit des Fahrzeugs
- Fahrwegvorgaben und -einschränkungen
- Ladungssicherung
- Ladungsreste an Tanks und Ausrüstung

! Unklarheiten möglichst **vor Beförderungsbeginn klären**. Dabei können z.B. helfen:

- Vorgesetzte
- Verlader
- Lademeister
- Disponenten
- Auftraggeber
- Gefahrgutbeauftragter

! Festgestellte **Mängel** sofort bei zuständigen Stellen im Betrieb **melden**.

7.4 Kontrollfragen

1. **Welcher der nachfolgend beschriebenen Sachverhalte stellt bei kennzeichnungspflichtigen Beförderungen in der Regel eine Ordnungswidrigkeit dar?**

   ❏ A Benachrichtigung der Polizei nach einem Unfall

   ❏ B Unterbrechung der Fahrt vor Beförderungsende

   ❏ C Nichtmitführen von Feuerlöschmitteln

   ❏ D Unbewachtes Abstellen des Fahrzeugs auf dem Firmengelände   (7.1.6)

2. **Wer ist für die Ladungssicherung verantwortlich?**

   ❏ A Beförderer

   ❏ B Fahrzeugführer und Verlader

   ❏ C Empfänger

   ❏ D Absender   (7.1.6; 7.1.2)

3. **Wer muss die Mittel zur Ladungssicherung zur Verfügung stellen?**

   ❏ A Absender

   ❏ B Fahrzeugführer

   ❏ C Verlader

   ❏ D Beförderer   (7.1.3)

4. **Wer muss die persönliche und allgemeine Schutzausrüstung mitführen?**

   ❏ A Beförderer

   ❏ B Halter

   ❏ C Fahrzeugführer

   ❏ D Gefahrgutbeauftragter   (7.1.6)

5. **Wer muss die orangefarbenen Tafeln an einem Trägerfahrzeug für Tankcontainer öffnen?**

   ❏ A Absender

   ❏ B Fahrzeugführer

   ❏ C Verlader

   ❏ D Befüller   (7.1.6)

6. Wer muss die orangefarbenen Tafeln an einem Tankcontainer öffnen?

❏ A Absender

❏ B Befüller

❏ C Fahrzeugführer

❏ D Verlader   (7.1.7)

7. Wer kann Auskunft über Ablaufdaten von Ausrüstungsgegenständen und über die Schulung der Fahrzeugführer geben?

❏ A Disponent

❏ B Gefahrgutbeauftragter

❏ C Verlader

❏ D Bundesamt für Güterverkehr   (7.1.9)

8. Wer muss die Großzettel (Placards) an einem leeren gereinigten Aufsetztank verdecken?

❏ A Absender

❏ B Fahrzeugführer

❏ C Verlader

❏ D Empfänger   (7.1.6)

9. Wer muss der Polizei melden, wenn Gefahrgut in solchen Mengen frei wird, dass es nicht rasch beseitigt werden kann?

❏ A Beförderer

❏ B Fahrzeugführer

❏ C Halter

❏ D Anwohner   (7.1.6)

10. Wer ist für die Einhaltung der Bestimmungen in der Fahrwegbestimmung verantwortlich?

❏ A Absender

❏ B Fahrzeugführer

❏ C Halter

❏ D Verlader   (7.1.6)

11. Welche der folgenden Aussagen ist richtig?

- ❏ A Der Fahrzeugführer ist für die Art der verwendeten Feuerlöscher nicht zuständig.

- ❏ B Es dürfen auch fabrikneue Feuerlöscher ohne Datum der nächsten Prüfung mitgeführt werden.

- ❏ C Der Fahrzeugführer hat für die Prüfung der Feuerlöschgeräte zu sorgen.

- ❏ D Der Fahrzeugführer muss Feuerlöschgeräte mit der erforderlichen Mindestmenge an Löschmittel, der Plombe und dem Datum der nächsten Prüfung mitführen. (4.3.1.1; 7.1.6)

12. Wer muss bei der Beförderung von gefährlichen Gütern die Tunnelregelungen beachten?

- ❏ A Beförderer

- ❏ B Absender

- ❏ C Fahrzeugführer

- ❏ D Verlader (7.1.6)

13. In welchem Fall muss der Fahrzeugführer die Vorschriften der GGVSEB/des ADR beachten?

- ❏ A Nur wenn er Gefahrgüter auf öffentlichen Straßen transportiert

- ❏ B Nur wenn es sich um einen grenzüberschreitenden Transport gefährlicher Güter handelt

- ❏ C Nur wenn es sich um Transporte von Sonderabfällen handelt

- ❏ D Nur bei Transporten gefährlicher Güter in Tankcontainern (1.3; 1.4)

14. Wer ist dafür verantwortlich, dass die Beförderungseinheit mit orangefarbenen Tafeln richtig gekennzeichnet wird?

- ❏ A Absender

- ❏ B Beförderer

- ❏ C Fahrzeugführer

- ❏ D Fahrzeughalter (7.1.6)

15. Wer ist dafür verantwortlich, dass die Feuerlöscher, die bei Gefahrguttransporten mitzuführen sind, regelmäßig geprüft werden?

- ❏ A Absender
- ❏ B Beförderer
- ❏ C Fahrzeugführer
- ❏ D Empfänger   (7.1.3)

16. Der Fahrzeugführer besitzt vor Beförderungsbeginn noch keine schriftlichen Weisungen. Wer muss sie bereitstellen?

- ❏ A Absender
- ❏ B Halter
- ❏ C IHK
- ❏ D Beförderer   (7.1.3)

17. Wer ist für die Ausrüstung der Fahrzeuge mit Hilfsmitteln zur Ladungssicherung verantwortlich?

- ❏ A Verlader
- ❏ B Absender
- ❏ C Fahrzeugführer
- ❏ D Beförderer   (7.1.3)

18. Wer muss sich durch Vergleichen der Informationen im Beförderungspapier und auf dem Versandstück vergewissern, dass die richtigen Güter ausgeladen werden?

- ❏ A Gefahrgutbeauftragter
- ❏ B Entlader
- ❏ C Verlader
- ❏ D Beförderer   (7.1.5)

19. Wer ist zuständig für das Sichern der Versandstücke in Umverpackungen?

    ❑ A   Der Beförderer

    ❑ B   Der Fahrzeugführer

    ❑ C   Der Verpacker

    ❑ D   Der Sicherheitsingenieur des Absenders   (7.1.8)

20. Sie erkennen auf der von Ihnen mitgeführten Augenspülflasche nicht mehr eindeutig, ob das Ablaufdatum bereits überschritten ist. Was tun Sie?

    ❑ A   Ich verwende diese Augenspülflasche weiter als Ausrüstungsgegenstand, da der Inhalt nicht schlecht werden kann.

    ❑ B   Das ist mir egal, mein Chef hat mir diese Ausrüstung übergeben und damit muss sie in Ordnung sein.

    ❑ C   Wenn ich das Ablaufdatum nicht mehr deutlich erkennen kann, frage ich unseren Gefahrgutbeauftragten. Dieser sollte die Ausrüstungsgegenstände in einer Liste haben und die Ablaufdaten kennen.

    ❑ D   Augenspülflaschen haben kein Ablaufdatum.   (7.1.9)

8 Maßnahmen nach Unfällen und Zwischenfällen

8.1 Beispiele typischer Gefahrgutunfälle

8.1.1 Beispiel (Nägel)

Kanister aus Kunststoff waren auf einer Palette mit herausstehenden Nägeln verladen worden. Die Nägel drückten sich durch den Kunststoff und der ätzende Inhalt trat aus.

Ursachen

– Nägel in der Palette

Folgen

– Gefährdung anderer Beteiligter durch Ätzwirkung (Atemwege, Autolack)

Vorsorgemaßnahmen

– Ladefläche reinigen

– Nägel, Schrauben … entfernen

Auf Nägel, Schrauben … achten

8.1.2 Beispiel (Unaufmerksamkeit)

Ein mit Gasflaschen beladener Lastzug war auf einen an einem Stauende stehenden 40-t-Sattelzug aufgefahren. Der Anhänger mit den Gasflaschen kippte um, dabei fielen etwa 50 zum Teil mit giftiger Substanz gefüllte Flaschen auf die Fahrbahn. Der Unfallverursacher, der bei dem Aufprall leicht verletzt wurde, war offenbar zu spät auf den stehenden Verkehr aufmerksam geworden.

Weil die Rettungskräfte zunächst damit rechnen mussten, dass an der Unfallstelle giftiges Gas ausgetreten war, wurde die Autobahn weiträumig um die Unfallstelle in beide Fahrtrichtungen gesperrt. Erst nach etwa zwei Stunden stellte sich bei Messungen der Feuerwehr heraus, dass die Gasflaschen offenbar unbeschädigt geblieben waren und dass von ihnen keine Gefahr ausging.

Die Vollsperrung der Autobahn dauerte wegen der Bergung des völlig zerstörten Lastwagens mehrere Stunden an. Den Unfallschaden gab die Polizei mit 150 000 Euro an.

Der Sattelzug, der Lebensmittel geladen hatte, wurde am Heck erheblich demoliert. Der Fahrer blieb unverletzt. Durch die gut gesicherte Ladung auf dem Zugfahrzeug wurde Schlimmeres verhindert. Das Flaschenbündel mit Propan/Butan und ein Druckfass mit Chlorgas standen nach dem Unfall zwar etwas schräg, aber unbeschädigt an Ort und Stelle.

Quelle: Alfons Konrad

Quelle: Alfons Konrad

Ursachen

– Unaufmerksamkeit, nicht angepasste Geschwindigkeit

Folgen

– Gefährdung anderer Verkehrsteilnehmer, Umweltgefährdung, Eigengefährdung

8.1.3 Beispiel (beschädigte Fässer)

Bei einer Kontrolle fielen auf der Ladefläche eines LKW mehrere beschädigte Fässer auf, aus denen zum Teil bereits der Inhalt austrat. Außerdem waren Gefahrzettel beschädigt bzw. durch andere Etiketten überklebt und damit nicht eindeutig zu identifizieren. Erst nach Rücksprache mit dem Absender konnte die Ladung als entzündbarer flüssiger Stoff (UN 1993) identifiziert werden.

Der LKW durfte mit dieser Ladung nicht weiterfahren, weil sonst die Gefahr der weiteren Beschädigung bestanden hätte. Zudem hätten die entstehenden entzündbaren Dämpfe durch eine Zündquelle entzündet werden oder eine Vermischung mit anderen gefährlichen Gütern zu gefährlichen Reaktionen führen können.

Folgen

– Gefährdung anderer Verkehrsteilnehmer

– Umweltgefährdung

Vorsorgemaßnahmen

– Niemals beschädigte oder mit Produktanhaftungen versehene Versandstücke verladen!

– Ladung richtig sichern

Beschädigte Fässer

auslaufendes
Gefahrgut

beschädigter
Gefahrzettel

8.2 Erstmaßnahmen bei Unfällen

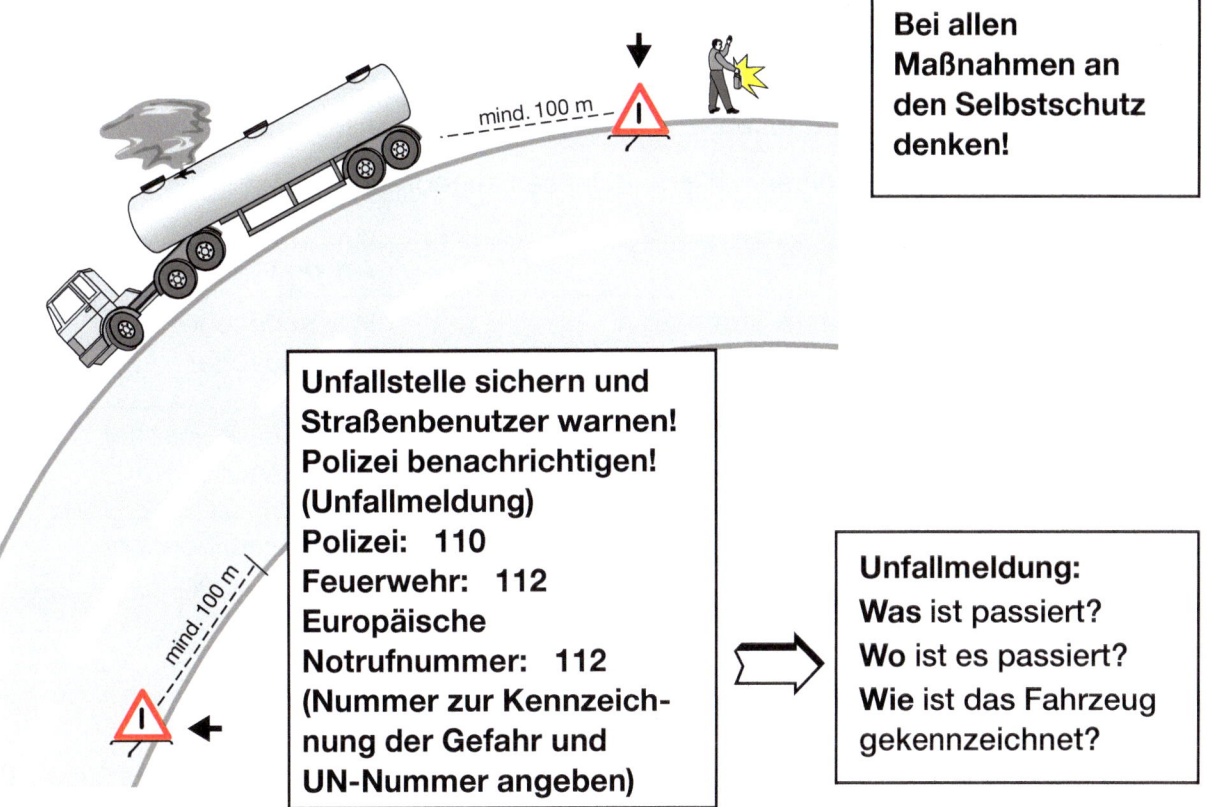

Bei allen Maßnahmen an den Selbstschutz denken!

Unfallstelle sichern und Straßenbenutzer warnen! Polizei benachrichtigen! (Unfallmeldung)
Polizei: 110
Feuerwehr: 112
Europäische Notrufnummer: 112
(Nummer zur Kennzeichnung der Gefahr und UN-Nummer angeben)

Unfallmeldung:
Was ist passiert?
Wo ist es passiert?
Wie ist das Fahrzeug gekennzeichnet?

- **Motor abstellen, Trennschalter betätigen** (falls vorhanden)
- **Handbremse anziehen**, ggf. Unterlegkeil benutzen
- Unfallstelle **absichern** (Warnzeichen)
- **Zündquellen fernhalten**, Feuer und offenes Licht vermeiden
  Flucht aus der Gefahrenzone, wenn möglich gegen die Windrichtung
- **Verletzte retten**, ohne dabei den Selbstschutz zu vergessen. Andere Straßenbenutzer warnen. Unbefugte fernhalten
- Nur zulässige Leuchten und Elektrogeräte benutzen (Zündgefahr)
- Allgemeine und persönliche **Schutzausrüstung** benutzen
- Auf der **windzugewandten Seite** bleiben
- **Anwohner warnen** – in Nahzonen evtl. Gebäude räumen
- Tiefgelegene Räume schließen – erst nach Kontrolle wieder betreten
- **Kanalöffnungen abdecken** – Abflussrichtungen von ausgeströmtem Gefahrgut beobachten – evtl. Explosionsgefahr, auch an entfernter Stelle!
- Bei Austritt brennbarer Gase und Dämpfe offene Feuer löschen (Öfen, Heizungen) und **Funkenbildung vermeiden**
- **Begleitpapiere bergen** (soweit möglich), Experten hinzuziehen
- **Hinweise** aus den schriftlichen Weisungen beachten

Wichtigste Regeln zur Brandbekämpfung:

- Kleine Brände/Entstehungsbrände ggf. selbst bekämpfen
- Feuerlöscher erst in Brandnähe betätigen
- Große Brände der Feuerwehr überlassen
- Feuerlöscher der **Brandklassen A, B, C** verwenden (Pulverlöscher)

Feuerlöscher werden den folgenden Brandklassen zugeordnet:

Brandklasse		Art des Feuerlöschers
A	Brennbare feste Stoffe, flammen-/glutbildend	Wasserlöscher, Pulverlöscher
B	Brennbare flüssige Stoffe	Kohlensäurelöscher, Pulverlöscher
C	Brennbare Gase	Kohlensäurelöscher, Pulverlöscher

Feuerlöscher sind so anzubringen, dass sie leicht zugänglich sind.
Die Schlösser sind aber bei der Beförderung von Gefahrgut zu entfernen!

Feuerlöscher richtig benutzen:

Löschen ...

... in Windrichtung

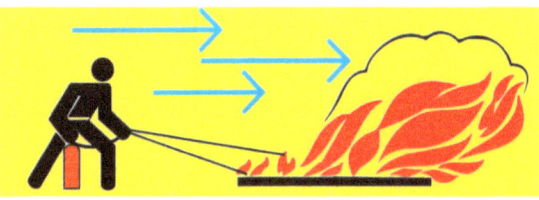

beim Flächenbrand
... von vorne nach hinten

beim Tropf- bzw. Fließbrand
... von oben nach unten

... mit mehreren Feuer-
löschern gleichzeitig

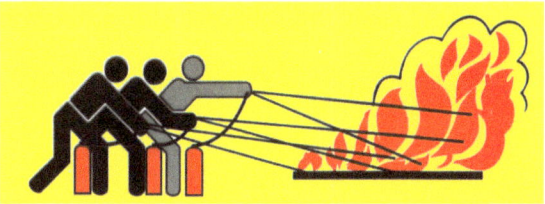

Brandstelle nicht verlassen,
auf Wiederentzündung achten!

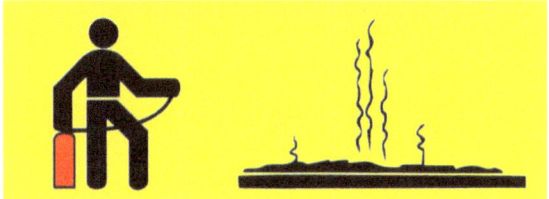

Nicht vergessen: Feuerlöscher nach der Benutzung wieder auffüllen lassen!

Merke

Achtung bei Reifenbränden!

✔ Reifen entzünden sich durch Hitze und Glutnester wieder von neuem.
✔ Notfalls bis zur völligen Zerstörung des brennenden Reifens weiterfahren.
✔ Grundsätzlich sollen nur Entstehungsbrände am Fahrzeug durch Mitglieder der Fahrzeugbesatzung gelöscht werden!

8.3 Unfallmeldung

Damit die Polizei die erforderlichen Hilfsmaßnahmen einleiten kann, sind folgende Angaben in einer Unfallmeldung erforderlich.

8.3.1 Inhalt der Meldung

Was ist passiert? z.B.

> _____ zwischen
> Gefahrgutfahrzeug und Pkw

_____

> Pkw-Fahrer blutet im Gesicht

_____

> Pkw-Front eingedrückt
> Lkw-Aufbau seitlich eingedrückt

Hinweis auf

_____

> Teilweise undichte Fässer
> auf der Fahrbahn
> Lkw mit Warntafeln versehen
> Fässer mit Totenkopf und
> „Baum/Fisch" gekennzeichnet

_____ ist es passiert?

> Kreuzung B 42 mit Kölner Straße
> in X-Dorf

_____ meldet den Unfall?

> Fritz Meyer

8.3.2   Maßnahmemöglichkeiten

Warnung und Absperrung

Selbstschutz/Rettung Verletzter

Notfallausrüstung verwenden

Auf windzugewandter Seite bleiben

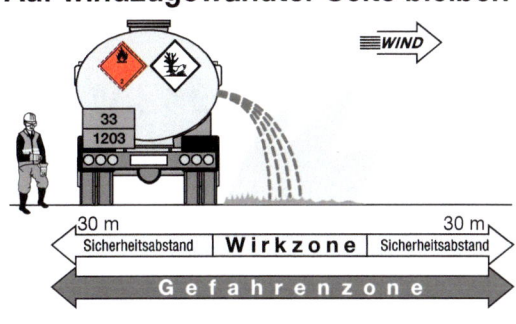

Kanalöffnungen abdecken

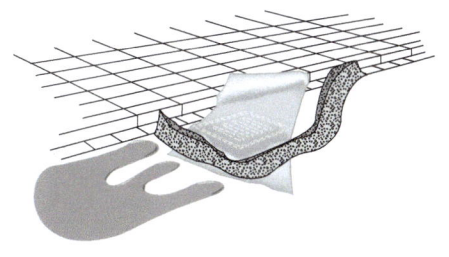

Polizei benachrichtigen

WO   der Unfall geschehen ist,
WAS passiert ist,
WIE das Fahrzeug gekennzeichnet ist.

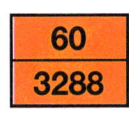

Schriftliche Weisungen und andere Begleitpapiere bergen

Entstehungsbrand bekämpfen, soweit möglich

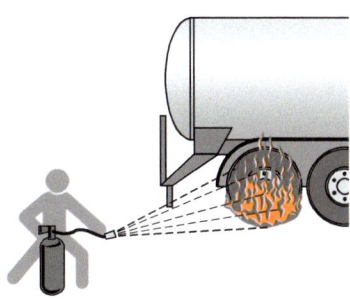

8.4   Verhalten in Tunnelanlagen

Unfälle in Tunnelanlagen haben größere Folgen als solche auf „freien" Straßen. Es ist deshalb wichtig, bestimmte Verhaltensregeln zu beachten. Die ADR-Tunnelregelungen stehen in Kapitel 6.5.1.

Die Europäische Kommission hat ein Merkblatt herausgegeben, in dem wichtige Verhaltensregeln enthalten sind.

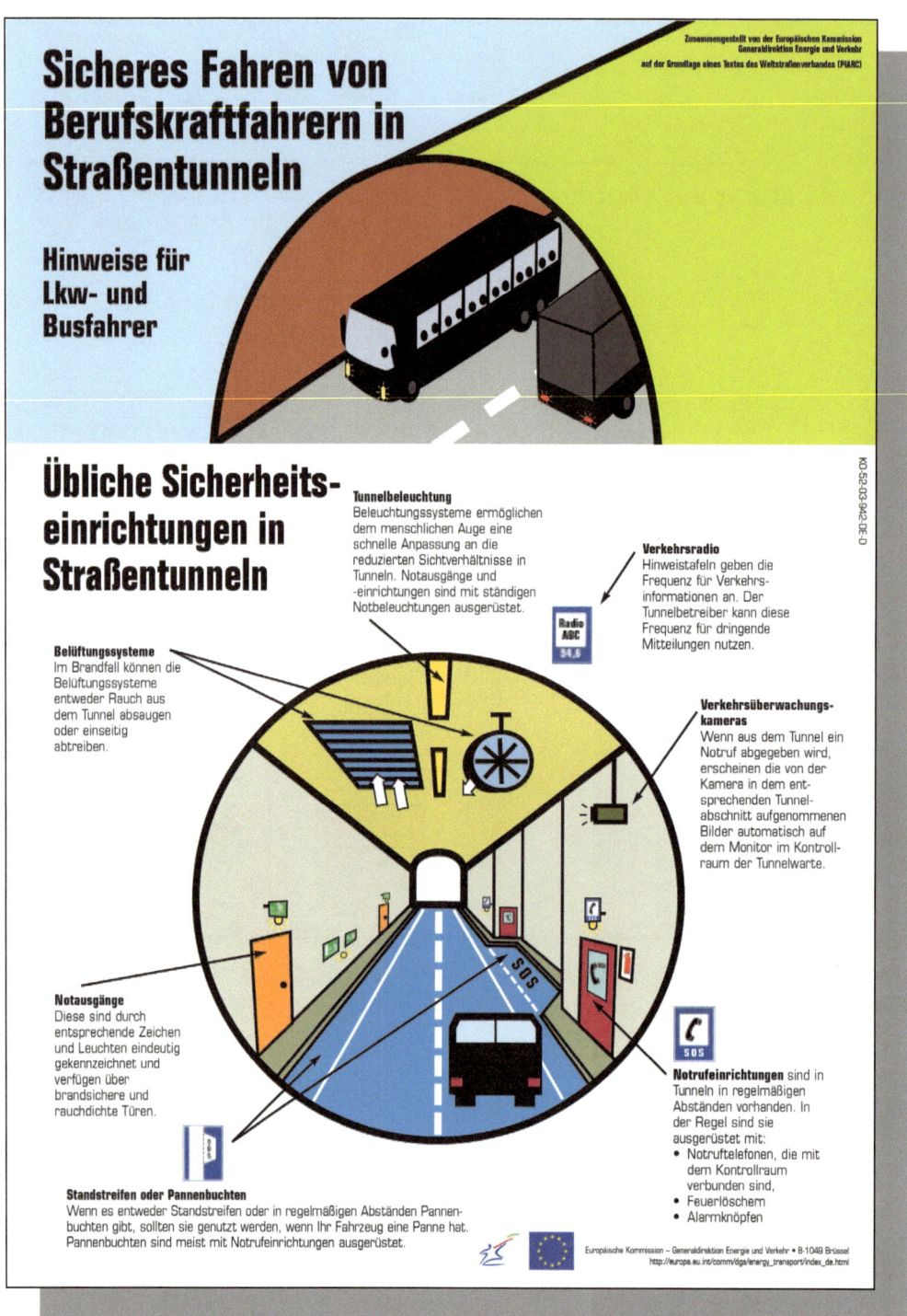

1 Bevor Sie zu einem Tunnel kommen

Überprüfen Sie Kraftstoff-, Öl- und Kühlmittelmenge und die Motortemperatur. Bei Überhitzung anhalten und Motor abkühlen lassen.

Überprüfen Sie Ihre Bremsen und Beleuchtung.

Vergewissern Sie sich, ob Feuerlöscher einsatzbereit sind und ob Sie wissen, wie diese zu verwenden sind.

LKW-FAHRER: Vergewissern Sie sich, ob Ihr Fahrzeug und seine Ladung den Tunnelvorschriften entsprechen. Wenn nicht, sind Ausweichstrecken zu benutzen.

BUSFAHRER: Vergewissern Sie sich, ob Sie mit allen Sicherheitsvorschriften einschließlich der Evakuierung von Fahrgästen vertraut sind.

2 Bevor Sie in einen Tunnel einfahren

Schalten Sie Ihr Abblendlicht ein.

Nehmen Sie Ihre Sonnenbrille ab.

Hören Sie Verkehrsnachrichten im Radio.

Beachten Sie Verkehrszeichen und -signale sowie Geschwindigkeitsbegrenzungen.

Benutzen Sie nicht Ihr Mobiltelefon. Rauchen Sie nicht.

3 Im Tunnel

Sicherheitsabstand zu dem vorausfahrenden Fahrzeug einhalten, auch wenn Sie langsam fahren oder angehalten haben.

In Gegenverkehrstunneln nicht überholen.

Nicht wenden oder rückwärts fahren, wenn es nicht angeordnet wird.

Nicht anhalten, außer in einem Notfall.

4 Bei Verkehrsstau

Schalten Sie Ihre Warnblinkanlage ein.

Sicherheitsabstand zu dem vorausfahrenden Fahrzeug einhalten, auch wenn Sie langsam fahren oder angehalten haben.

Schalten Sie Ihren Motor ab, wenn der Verkehr zum Stillstand gekommen ist.

Hören Sie Verkehrsnachrichten im Radio.

Folgen Sie den Anweisungen des Tunnelpersonals oder denen der Wechselverkehrszeichen.

5 Bei Panne oder Unfall

Schalten Sie Ihre Warnblinkanlage ein.

Wenn möglich, fahren Sie Ihr Fahrzeug aus dem Tunnel. Wenn nicht möglich, stellen Sie es auf einem Standstreifen, in einer Pannenbucht oder am Fahrbahnrand ab.

Motor abschalten, Schüssel stecken lassen und Fahrzeug verlassen.

Hilfe NUR über eine Notrufeinrichtung herbeirufen (Mobiltelefone übermitteln nicht den Ort, von dem aus Sie anrufen).

Geben Sie an, ob Sie Gefahrgut (welche Art) transportieren oder ob Sie Personen befördern (und ob welche verletzt sind).

Folgen Sie den Anweisungen des Tunnelpersonals.

Wenn möglich, erste Hilfe für Verletzte leisten.

6 Bei Brand

Schalten Sie Ihre Warnblinkanlage ein.

IHR FAHRZEUG BRENNT:

Wenn möglich, aus dem Tunnel herausfahren. Wenn nicht möglich, am Fahrbahnrand anhalten.

Motor abschalten, Schüssel stecken lassen und Fahrzeug sofort verlassen.

BUSFAHRER: **Bringen Sie alle Fahrgäste an einen sicheren Ort** (z. B. Fluchtwege, Notausgänge, Schutzräume).

EIN ANDERES FAHRZEUG BRENNT:

Sicherheitsabstand zu dem Fahrzeug vor Ihnen einhalten.

Stellen Sie Ihr Fahrzeug so weit wie möglich am Fahrbahnrand ab, so dass die Rettungsdienste nicht behindert werden.

Motor abschalten, Schüssel stecken lassen und Fahrzeug sofort verlassen.

BUSFAHRER: **Bringen Sie alle Fahrgäste an einen sicheren Ort.**

Hilfe NUR über eine Notrufeinrichtung herbeirufen (Mobiltelefone übermitteln nicht den Ort, von dem aus Sie anrufen).

Geben Sie an, ob Sie Gefahrgut (welche Art) transportieren oder ob Sie Personen befördern (und ob welche verletzt sind).

Helfen Sie anderen, an einen sicheren Ort zu gelangen.

Wenn möglich, den Brand mit Hilfe Ihres eigenen oder eines im Tunnel verfügbaren Feuerlöschers löschen und wenn möglich erste Hilfe für Verletzte leisten.

Wenn nicht möglich, sofort zu einem Notausgang gehen und den Anweisungen des Tunnelpersonals Folge leisten.

DENKEN SIE DARAN

Als Berufskraftfahrer sollten Sie im Notfall anderen Fahrern und Fahrgästen helfen!
Feuer und Rauch können tödlich sein – retten Sie Ihr Leben, nicht Ihr Fahrzeug!

8.5   Fürs Gedächtnis

! Der Beförderer gibt die **schriftlichen Weisungen** mit.

! Schriftliche Weisungen **vor der Beladung lesen**.

! Schriftliche Weisungen **im Führerhaus** aufbewahren.

! **Maßnahmen** gemäß schriftlichen Weisungen **durchführen**.

! Bei Gefahrgutaustritt möglichst **auf windzugewandter Seite** bleiben.

! Persönliche und allgemeine **Schutzausrüstung** verwenden.

! **Immer an den Selbstschutz denken.**

! Andere Personen **warnen**.

! **Nur Entstehungsbrände** löschen, keine Ladungsbrände.

! Zur Bekämpfung von **Ladungsbränden** reichen Bordmittel in der Regel nicht aus.

! **Polizei und Feuerwehr** schnellstmöglich verständigen.

! Wenn möglich, Undichtigkeiten beseitigen, dabei an den **Selbstschutz** denken.

! Auf **Nägel/scharfe Gegenstände** im Fahrzeug achten.

! **Brandklassen A, B, C** bedeuten:

- **A** für brennbare feste Stoffe
- **B** für brennbare flüssige Stoffe
- **C** für brennbare Gase

8.6 Kontrollfragen

1. Weshalb muss das Eindringen von leicht entzündbaren Flüssigkeiten in die Kanalisation verhindert werden?

❏ A   Die Flüssigkeiten zersetzen die Kanalrohre.

❏ B   Dämpfe oder Flüssigkeiten können an entfernter Stelle gezündet werden.

❏ C   Es geht wertvolle Ladung verloren.

❏ D   Weil sonst die Ratten an die Oberfläche kommen.   (8.2)

2. Wo finden Sie Hinweise auf empfehlenswerte Maßnahmen nach einem Unfall?

❏ A   In der ADR-Schulungsbescheinigung

❏ B   In der ADR-Zulassungsbescheinigung

❏ C   In den schriftlichen Weisungen

❏ D   Im Beförderungspapier   (8.2; 3.3)

3. Was ist vom Fahrzeugführer zu tun, wenn eine entzündbare Flüssigkeit ausläuft?

❏ A   Ausgelaufenes Gut mit Sand abdecken.

❏ B   Motor abstellen und ausgelaufenes Gut mit Wasser verdünnen.

❏ C   Motor abstellen, Umfeld sichern, Zündquellen vermeiden.

❏ D   Prüfen, ob sich das Gas-Luft-Gemisch an der unteren oder oberen Explosionsgrenze befindet.   (3.3; 8.2)

4. Was muss der Fahrzeugführer tun, wenn ihm eine ätzende Flüssigkeit über die Hand gelaufen ist?

❏ A   Die Hautstelle mit Mehl bestreuen

❏ B   Die Hand in Öl tauchen

❏ C   Schutzhandschuhe anziehen

❏ D   Die Hautstelle mit viel Wasser abspülen, nötigenfalls einen Arzt aufsuchen
                    (2.8.8)

5. **Warum ist Wasser zum Löschen von brennendem Benzin ungeeignet?**

❏ A Da das Benzin leichter als Wasser ist, schwimmt es auf der Oberfläche und brennt weiter.

❏ B Wasser verdampft und ist deshalb beim Löschen hinderlich.

❏ C Wasser wirkt brandfördernd.

❏ D Benzin bildet mit Luft und Wasser ein gefährliches Gasgemisch.   (2.8.3)

6. **Nach einem Unfall stellen Sie als Fahrzeugführer fest, dass aus einer Verpackung, die mit einem gelben Gefahrzettel gekennzeichnet ist, eine farblose und geruchlose Flüssigkeit ausläuft. Was tun Sie?**

❏ A Da die Flüssigkeit farblos und geruchlos ist, kann es sich nicht um Gefahrgut handeln, deshalb sind keine besonderen Maßnahmen erforderlich.

❏ B Vor der Weiterfahrt die undichte Stelle mit Kunststofffolie abdichten.

❏ C Gefahrzettel entfernen, weil ungefährliche Güter nicht gekennzeichnet werden dürfen.

❏ D Die in den schriftlichen Weisungen beschriebenen Maßnahmen sinngemäß durchführen.   (3.3)

7. **Wie sind Hautstellen zu behandeln, die von verdampfenden Gasen unterkühlt (verbrannt) sind?**

❏ A Druckverband anlegen

❏ B Mit möglichst heißem Wasser aufwärmen

❏ C Mit Kältespray besprühen

❏ D Mit Wasser kühlen   (2.8.2)

8. **Welche Stelle ist nach einem Gefahrgutunfall, bei dem umweltgefährdende Stoffe freigesetzt wurden, zuerst zu benachrichtigen?**

❏ A Empfänger

❏ B Polizei

❏ C Absender

❏ D Umweltbundesamt   (6.5.6)

9. **Wie kann der Fahrzeugführer zweckmäßig andere Verkehrsteilnehmer warnen, wenn sein Fahrzeug wegen eines technischen Defekts liegenbleibt?**

❑ A   Durch Aufstellen von Warnzeichen (Warnblinkleuchten, Warndreiecke oder Verkehrsleitkegel)

❑ B   Schriftliche Weisungen an Passanten verteilen

❑ C   Warnblinkanlage einschalten und Dauerhupen

❑ D   Durch Winken mit einer roten Schaufel   (8.2)

10. **Wo findet der Fahrzeugführer Hinweise über die nach einem Unfall zu ergreifenden Maßnahmen?**

❑ A   In den schriftlichen Weisungen

❑ B   Im Lieferschein

❑ C   In der Bedienungsanleitung des Fahrzeugs

❑ D   In der ADR-Schulungsbescheinigung   (3.3)

11. **Welche Angaben soll eine Gefahrgut-Unfallmeldung an die Polizei enthalten?**

❑ A   Namen des Meldenden, Unfallort, Anzahl der Verletzten, Art der Verletzungen, Angaben zum Gefahrgut (Benennung, Kennzeichnungsnummer, freigewordene Menge)

❑ B   Namen aller Unfallzeugen, Uhrzeit, Anschrift des Fahrzeughalters, Kennzeichen der beteiligten Fahrzeuge

❑ C   Umfang der Ladung, Verlader, Absender und Empfänger

❑ D   Um die Unfallmeldung möglichst kurz zu halten, sollte nur angegeben werden, ob Feuerwehr, Polizei, Notarzt oder Krankenwagen am Unfallort benötigt werden   (8.3.1)

12. **Ein Zwillingsreifen eines Gefahrguttransporters ist in einem Wohngebiet in Brand geraten. Wie sollte sich der Fahrzeugführer verhalten?**

❑ A   Anhalten, Luftdruck des Reifens ablassen, damit der Reifen nicht platzt

❑ B   Im nächsten Haus einen Eimer Wasser besorgen, um den Tank zu kühlen

❑ C   Das Fahrzeug mit brennendem Reifen nach Möglichkeit aus dem Wohngebiet herausfahren

❑ D   Anhalten, schriftliche Weisungen lesen und anschließend Polizei rufen   (8.2)

13. Wie sollen Feuerlöschgeräte zur Brandbekämpfung eingesetzt werden?

❏ A   Möglichst gegen den Wind in die Flammen sprühen

❏ B   Löschmittelstrahl von oben in die Flammen richten

❏ C   Das Feuer in Windrichtung von unten bekämpfen

❏ D   Den Feuerlöscher schon weit entfernt vom Brandherd auslösen   (8.2)

14. Wie kann der Fahrzeugführer Entstehungsbrände am wirkungsvollsten löschen?

❏ A   Mit einem funktionsfähigen Feuerlöschgerät

❏ B   Durch Zuwerfen mit Erde

❏ C   Durch Abdecken mit Kunststofffolie

❏ D   Mit Kleidungsstücken ausschlagen   (8.2)

15. Bei der Tunneldurchfahrt stellen Sie einen Defekt an Ihrem Fahrzeug fest, der so schwerwiegend ist, dass Sie sofort anhalten müssen. Wie verhalten Sie sich?

❏ A   Die nachfolgenden Fahrzeuge erkennen, dass ich eine Notlage habe und halten entsprechenden Abstand.

❏ B   Ich schalte die Warnblinkanlage an meinem Fahrzeug an und halte sofort auf dem rechten Fahrstreifen an.

❏ C   Ich schalte die Warnblinkanlage an, versuche die nächste Nothaltebucht zu erreichen, um das Fahrzeug dort sicher abstellen und absichern zu können.

❏ D   Ich informiere sofort meinen Disponenten, damit er den nächsten Kunden über meine Verspätung in Kenntnis setzen kann.   (8.4)

16. Was sollten Sie bei einem Unfall vor allem beachten?

❏ A   Die wertvolle Ladung im Fall eines Brandes löschen

❏ B   Den Chef sofort informieren

❏ C   An den Selbstschutz denken

❏ D   Zuerst Polizei und dann Feuerwehr anrufen   (8.2)

9 Lösungen der Kontrollfragen

Zu Kapitel 1	Zu Kapitel 2	Zu Kapitel 3	Zu Kapitel 4
Kapitel 1.6.6, Seite 19	1 B	1 A	1 B
	2 C	2 C	2 B
(A) Wasserschutz-gebiet	3 B	3 C	3 C
	4 C	4 A	4 C
(B) wassergefähr-dender Stoffe	5 B	5 B	5 C
	6 D	6 C	6 C
(C) Verbot	7 C	7 D	7 A
(D) kennzeichnungs	8 B	8 C	8 B
(E) Verbot	9 A	9 A	9 B
(F) Tunnel	10 B	10 C	10 A
	11 C	11 B	11 A
Kapitel 1.6.6, Seite 20	12 D	12 C	12 D
	13 C	13 A	13 C
(G) kennzeichnungs-pflichtige, wassergefähr-dender	14 A	14 C	14 A
	15 C	15 B	15 B
	16 D	16 B	16 C
(H) Geschwindig-keitsbeschrän-kung, kennzeichnungs-pflichtige	17 D	17 B	17 C
	18 B	18 A	18 B
	19 A	19 C	19 B
	20 B	20 B	20 B
(I) Fahrtrichtung	21 B	21 B	21 B
	22 B	22 D	22 C
	23 D	23 C	23 B
1 B	24 D	24 C	24 D
2 D	25 D		25 C
3 C			26 B
4 C			27 C
5 D			28 B
6 A			29 D
7 C			
8 D			
9 D			
10 C			
11 C			
12 C			
13 B			

Zu Kapitel 5		Zu Kapitel 6		Zu Kapitel 7		Zu Kapitel 8	
1	B	1	A	1	C	1	B
2	C	2	A	2	B	2	C
3	B	3	B	3	D	3	C
4	A	4	B	4	C	4	D
5	A	5	C	5	B	5	A
6	A	6	A	6	B	6	D
7	A	7	A	7	B	7	D
8	A	8	A	8	B	8	B
9	D	9	D	9	B	9	A
10	B	10	A	10	B	10	A
11	B	11	D	11	D	11	A
12	D	12	B	12	C	12	C
13	B	13	C	13	A	13	C
14	C	14	A	14	C	14	A
15	A	15	D	15	B	15	C
16	B	16	C	16	D	16	C
17	C	17	A	17	D		
18	D	18	A	18	B		
19	B	19	A	19	C		
20	A	20	B	20	C		
21	B						
22	A						
23	D						

10 Abkürzungs- und Begriffsverzeichnis

Abkürzung/Begriff	Bedeutung
ABV	Automatischer Blockierverhinderer (siehe auch ABS)
ADN	Accord européen relatif au transport international des marchandises Dangereuses par voie de Navigation interieure Europäisches Übereinkommen über die internationale Beförderung gefährlicher Güter auf Binnenwasserstraßen
ADR	Accord relatif au transport international des marchandises Dangereuses par Route Übereinkommen über die internationale Beförderung gefährlicher Güter auf der Straße
AT-Fahrzeug	AT-Fahrzeuge sind für den Transport von Tanks zugelassen und verfügen über eine besondere Zulassung. AT-Fahrzeuge dienen der Beförderung von Gefahrgütern, die nicht in EX/II- Fahrzeugen, EX/III-Fahrzeugen, FL-Fahrzeugen oder MEMU befördert werden müssen.
AWB (Air Way Bill)	Frachtbrief für die Luftbeförderung
BAG	Bundesamt für Güterverkehr
BAM	Bundesamt für Materialforschung und -prüfung in Berlin
BetrSichV	Betriebssicherheitsverordnung – Verordnung zum Schutz der Beschäftigten vor Arbeitsmitteln
BfR	Bundesinstitut für Risikobewertung in Berlin
ChemG	Chemikaliengesetz
CTU	Cargo Transport Unit – Einheit zur Güterbeförderung auf See. Dies können sowohl Fahrzeuge wie auch Container sein.
CTU-Code	Verfahrensregel der IMO/ILO/UNECE zum Stauen und Packen von Gütern im Seeverkehr
EQ	Excepted Quantities – Freigestellte Mengen Gefahrgüter in freigestellten Mengen (Kapitel 3.5 ADR/RID) bestehen aus einer oder mehreren Innenverpackungen, die in eine Zwischenverpackung verpackt und dann in ein Versandstück (Außenverpackung) eingestellt werden. Für die Größe der Innen- und Außenverpackung gelten Obergrenzen. Versandstücke mit freigestellten Mengen werden mit einem besonderen Kennzeichen versehen.
EX/II-Fahrzeug EX/III-Fahrzeug	Fahrzeuge mit einer besonderen Zulassung für die Beförderung von Explosivstoffen oder Gegenständen mit Explosivstoffen
FL-Fahrzeug	FL-Fahrzeuge sind mit einer besonders geschützten elektrischen Anlage ausgerüstet und daher geeignet für die Beförderung leicht entzündbarer flüssiger bzw. gasförmiger Stoffe in Tanks
GbV	Gefahrgutbeauftragtenverordnung – offiziell „Verordnung über die Bestellung von Gefahrgutbeauftragten in Unternehmen"
GGAV	Verordnung über Ausnahmen von den Vorschriften über die Beförderung gefährlicher Güter (Gefahrgut-Ausnahmeverordnung)
GGBefG	Gefahrgutbeförderungsgesetz – Gesetz über die Beförderung gefährlicher Güter
GGKontrollV	Verordnung über die Kontrollen von Gefahrguttransporten auf der Straße und in den Unternehmen
GGKostV	Kostenverordnung für Maßnahmen bei der Beförderung gefährlicher Güter (Gefahrgutkostenverordnung)

Abkürzung/Begriff	Bedeutung
GGVSEB	Verordnung über die innerstaatliche und grenzüberschreitende Beförderung gefährlicher Güter auf der Straße, mit Eisenbahnen und auf Binnengewässern (Gefahrgutverordnung Straße, Eisenbahn und Binnenschifffahrt – GGVSEB)
GGVSee	Verordnung über die Beförderung gefährlicher Güter mit Seeschiffen (Gefahrgutverordnung See – GGVSee)
GHS	Globally Harmonized System – weltweites System der UN für die einheitliche Einstufung und Kennzeichnung von Gefahrstoffen
GPSG	Gesetz über technische Arbeitsmittel und Verbraucherprodukte (Geräte- und Produktsicherheitsgesetz – GPSG)
IATA-DGR	IATA dangerous goods regulations – Gefahrgutvorschriften für den Luftverkehr
IBC	Abkürzung für „Intermediate Bulk Container" – Großpackmittel Starre oder flexible transportable Verpackung, die nicht in Kapitel 6.1 aufgeführt ist. Max. Fassungsraum: 3000 Liter
IHK	Industrie- und Handelskammer
IMDG Code	International Maritime Dangerous Goods Code – Beförderungsvorschrift für gefährliche Güter im Seeschiffsverkehr (insbesondere verpackte gefährliche Güter)
KrWG	Gesetz zur Förderung der Kreislaufwirtschaft und Sicherung der umweltverträglichen Bewirtschaftung von Abfällen (Kreislaufwirtschaftsgesetz – KrWG)
KrWaffKontrG	Gesetz über die Kontrolle von Kriegswaffen
LC	Lashing Capacity – Zurrkraft im direkten Zug bei Ladungssicherungsmitteln
LQ	Limited Quantities – „Begrenzte Menge"
MEGC	Multiple Element Gas Container – Gascontainer mit mehreren Elementen
MEMU	Mobile Explosives Manufacturing Unit Fahrzeug mit dauerhaft verbundenem Aufbau oder Gerät zum Transport auf einem Fahrzeug zur Herstellung von Explosivstoffen.
n.a.g.	Nicht anderweitig genannt – Zusatz für bestimmte UN-Nummern, die spezifischen oder allgemeinen Stoffgemischen zugeordnet sind; hier sind in der Regel die Gefahrenauslöser in Klammern hinter der Bezeichnung „n.a.g." anzugeben
RID	Reglement international concernant le transport de marchandises Dangereuses par Chemin de fer. Ordnung für die internationale Eisenbahnbeförderung gefährlicher Güter (RID)
RSEB	Richtlinien zur Durchführung der Gefahrgutverordnung Straße, Eisenbahn und Binnenschifffahrt (GGVSEB) und weiterer gefahrgutrechtlicher Verordnungen (Durchführungsrichtlinien-Gefahrgut RSEB)
SADT	Self-accelerating decomposition temperature – Die niedrigste Temperatur, bei der sich ein Stoff in versandmäßiger Verpackung unter Selbstbeschleunigung zersetzen kann.
SAPT	Self-accelerating polymerization temperature – Die niedrigste Temperatur, bei der die Polymerisation eines Stoffes in den zur Beförderung aufgegebenen Verpackungen, Großpackmitteln (IBC) oder Tanks auftreten kann.
SprengG	Gesetz über explosionsgefährliche Stoffe (Sprengstoffgesetz – SprengG)
StrlSchG/StrlSchV	Gesetz zum Schutz vor der schädlichen Wirkung ionisierender Strahlung (StrlSchG) / Verordnung zum Schutz vor der schädlichen Wirkung ionisierender Strahlung (Strahlenschutzverordnung – StrlSchV)
StVO	Straßenverkehrs-Ordnung (StVO)

11 Stichwortverzeichnis